홍콩백끼

일러두기

- 이 책은 2024년 9월부터 2025년 2월까지 디지털 구독 플랫폼 '더중앙플러스(The JoongAng Plus)'에 연재된 시리즈 '홍콩백끼'를 재구성하여 엮은 것입니다.
- 현지 요금, 환율, 운영 시간 등의 정보는 기사 업로드 시점을 기준으로 작성되었습니다. 특히 환율은 수시로 변동될 수 있으니, 최신 정보를 확인하시길 권합니다.
- 이 책에 수록된 '미쉐린 가이드' 관련 정보는 2024년 기준입니다.
- 음식명, 상호, 지명은 홍콩에서 사용되는 광둥어 발음에 맞춰 표기했습니다. 단, 책에서 반복적으로 언급되는 일부 음식명을 제외하고, 광둥어 표기가 어려운 경우에는 편의상 한국어로 표기했습니다(예: 오리 머리 간장 조림).
- 인명은 원칙적으로 광둥어 발음으로 표기하되, 주윤발, 주성치 등 한국인에게 익숙한 유명인은 일반적인 표기를 따랐습니다.
- 스폿별 주소는 영문 표기 방식을 따랐습니다.
- 교통 및 도보 소요 시간은 근사치이며, 현지 상황에 따라 변동될 수 있습니다.
- 이 책에 소개되는 모든 스폿은 독자가 '구글맵(Google Maps)'에 저장할 수 있도록 구글맵 리스트를 제공합니다. 파트별 시작 페이지에 삽입된 QR코드를 인식하면 구글맵으로 연동되어 여행에 활용할 수 있습니다.

미식의 도시 홍콩에서 맛보는 100끼 여정

홍콩백끼

손민호·백종현 지음

The JoongAng Plus

한눈에 보는 홍콩 요리사(史)

글 쓰는 요리사
박찬일

1998년 이전에 홍콩 카이탁공항(啓德機場)은 도심에 바짝 붙어 있었다. 그 공항에 착륙하려는 조종사들은 식은땀을 흘렸다. '홍콩 디스커버리'라는 말은 흔한 슬로건인데, 공항부터 모험의 냄새를 풍겼다. 아크릴로 번뜩이는 거대한 카오스 같던 몽콕(旺角)의 가게들, 올려다보면 멀미가 일 것 같던 센트럴(中環)의 고층 빌딩들, 표준어의 혀가 말리는 원만한 권설음 대신 '기역 받침'까지 알뜰하게 살리는 광둥어의 독특한 성조가 귀에 익숙할 때면 홍콩 음식에도 폭 젖어들 수 있었다.

시간이 흘렀지만 홍콩의 음식은 큰 변화가 없다. 코로나19를 거치면서 테이크아웃하기 좋은 '령쏭반(兩餸飯·도시락점)'이 늘어난 정도다. 2023년부터 시작된 세계적인 음식 가격 상승은 홍콩도 피해 가지 못해서, 시내 허름한 식당의 메뉴판에서 급조하듯 앞자리 숫자를 갈아치운 게 보인다는 점도 근래의 변화다.

하루 세끼
외식하는 나라

홍콩은 인구 700만 명 이상을 헤아리는데, 거주 가능 지역은 좁아서 세계에서도 손꼽히는 인구 과밀 지역이다. 영국 지배에 놓인 후에도 지속해서 중국 본토로부터 인구가 유입됐다. 특히 중화인민공화국 수립 시기와 1950~60년대에 걸친 대기근과 문화혁명의 파도에 많은 수의 중국인이 홍콩으로 밀려들었다. 한때 주택 1㎡당 1명의 인구가 산다고 할 정도였다.

그래서 홍콩에서는 주택 안에 충분한 조리시설을 갖추지 않고 간단한 식사 외에는 매식하는 경우가 흔하다. 이는 동남아 지역의 보편적인 관습이기도 하

홍콩에서는 삼시 세끼 외식이 일상이다. 좁은 주거 환경과 더운 기후 탓에 집밥보다 외식을 선호하는 홍콩인이 대부분이다. ©백종현

다. 하루 세끼를 밖에서 해결하는 게 특별한 일이 아니다. 여기에 홍콩만의 독특한 상황이 더해져 현재의 식문화를 구축했다.

홍콩은 크게 광둥(廣東) 요리에 속하는 권역으로, 베이징(北京)·상하이(上海)·쓰촨(四川) 등 중국 내 주요 음식문화가 더해졌다. 또 홍콩 음식을 특징짓는 가장 큰 요인인 영국의 오랜 지배는 서양 요리의 자장을 강력하게 입혀 놓았다. 빵 문화가 현지화하면서 보통 사람의 아침식사와 간식의 일부가 됐고, 이는 홍콩의 음식문화를 보편적인 중국 음식과 구별하는 핵심이 됐다.

홍콩은 1970~80년대를 거치면서 엄청난 발전을 이루었다. 금융과 무역으로 번성하면서 세계인이 몰려들어 단순히 '광둥식 요리+영국식 요리'를 넘어 홍콩만의 개성 강한 음식문화를 만들어냈다. 수준급으로 요리하는 이탈리아·일본·베트남·태국·인도 요리를 언제든지 먹을 수 있게 된 것도 홍콩의 경제적 위상을 말해주는 특징이다.

2000년대 들어서는 와인 허브를 자처하면서 품질 좋은 와인의 경쟁력을 갖춘 아시아 최대 도시가 된 것도 최근의 흐름이다. 원래 영국은 와인을 거의 생산하지 않지만, 유럽의 주요 와인을 유통하는 최대 국가로 자리매김한 영국의 역사적 조건이 홍콩에도 반영된 것이라 할 수 있다. 서양인이 많이 거주하면서 그들의 음주 문화인 위스키와 칵테일을 파는 바 문화가 오래전부터 성행한 것도 중화권에서 보기 어려운 현상이다. 원래 차 문화의 거점이었던 홍콩이지만, 미국 커피 문화의 첨병인 '스타벅스'가 일찍이 진출한 것도 이종 문화의 전시장 같은 홍콩의 모습이다.

패스트푸드가 된 슬로푸드

홍콩 요리에는 '씨우메이(燒味)'라는 말이 있다. 고기를 양념해 굽거나 찌고 말리는 방식을 쓰되 오븐(화덕)에서 조리해내는 방식을 말한다. 중국의 모든 지역에 이와 유사한 요리법이 있는데 유명한 '베이징덕'이 그 한 예다. 홍콩은 이런 요리가 가장 발달한 도시다. 씨우메이는 기본적으로 간장을 쓴다. 된장류가 중심인 북부와 달리 중국의 남부 지역은 간장을 많이 쓴다. 이런 조리법은 씨우메이를 만드는 데 큰 영향을 준다. 홍콩은 동남아의 '향신료 벨트'와 가까워 각종 향신료를 빠르게 들여오는 게 가능했다. 씨우메이에 필요한 설탕의 산지 역시

사람과 자동차, 고층 빌딩이 밀집한 홍콩의 거리 풍경. ©안충기

중국 남부와 동남아시아이므로 현재와 같은 육가공의 본고장이 될 수 있었다.

육류의 맛을 좋게 하고, 더운 날씨에 보존성을 높이는 데 오븐에 굽고 소금과 양념을 치는 방식은 매우 유효했다. 홍콩의 씨우메이는 돼지·닭·오리·거위를 주로 쓴다. 보통 관광객에게는 돼지에 달콤하고 진한 양념을 발라 구운 '차씨우(叉燒)', 바삭한 껍질이 특징인 돼지 오겹살 구이 '씨우욕(燒肉)', 젖먹이 돼지 통구이 '유쭈(乳猪)', 역시 바삭한 거위 구이 '씨우오(燒鵝)' 등이 유명하다. 간장을 바르지 않고, 소금에 절여서 쪄내는 방식으로 요리하는 종류도 흔하다. 가금류와 돼지를 요리하는데 이처럼 다양한 방식을 동원하는 것도 홍콩의 특징이다.

이렇게 만든 요리를 아주 싼값에 빨리 먹을 수 있다는 것도 홍콩의 강력한 장점이다. 밥에 곁들여 내거나 덮밥으로 올리는 방식을 고르면 불과 1만원 안팎의 비용으로 언제든지 거리의 식당에서 먹을 수 있다는 점은 놀랍다. 차씨우·씨우욕 등의 돼지고기 요리도 좋은데, 한국인은 닭을 제외한 가금류 요리는 상대적으로 덜 좋아하는 듯하다. 하지만 비둘기·거위·오리 같은 가금류로 만든 요리도 권하고 싶다. 홍콩 특유의 향신료에 재워 요리한 가금류는 고기 고유의 풍취를 절묘하게 간직하고 있다. 소금에 절여 찐 것보다는 훈연하거나 양념을 발라 구운 것이 초심자에게 더 적합하다.

홍콩의 육가공 요리는 홍콩의 사회문화적 현실과 맞물려 특색을 보여준다. 약한 불로 오래 요리해야 하는 전형적인 슬로푸드인 씨우메이는 결과적으로 이미 조리된 것을 썰어서 제공하기만 하면 됐으므로 홍콩다운 패스트푸드의 상징이 됐다. 씨우메이는 밥에 올려서 재빨리 먹을 수 있게 곧바로 제공하거나 포장해 파는 방식으로 진화해 왔다. 이런 제공법은 어떻게 보면 패티를 구워야 하는 햄버거보다 훨씬 더 빠른 속도를 자랑한다. 필자는 홍콩에서 이런 씨우메이로 내는 간편식을 즐겨 먹는다. 스티로폼 그릇에 밥을 푸고, 원하는 고기를 썰어서 담아내는 데 1분도 걸리지 않는다.

점심시간에 홍콩 사람은 보통 씨우메이점을 찾거나 '씨우추(小廚)'라 써 놓고 음식을 파는 일종의 스낵점에 간다. 보통 10개 이상의 요리를 미리 만들어 두고 주문하면 도시락에 담아주는 것을 애용한다. 이런 음식을 렁쏭반이나 '쌍쏭반(雙餸飯)'이라 한다. 반찬이 두 가지란 뜻이다. 세 가지 반찬을 호화롭게 담아서 삼쏭반이 될 수도 있다.

과거나 최근의 여러 통계는 홍콩 사람이 아주 오래 일한다는 사실을 알려준

홍콩 길거리에서 흔히 볼 수 있는 '씨우메이' 전문점. 통으로 구운 돼지·오리·거위 등을 주렁주렁 걸어두고 손님을 맞는다. ©백종현

다. 50시간 이상 일하는 사람이 흔하며, 국제 표준인 40시간을 몇 시간이라도 넘는다는 통계는 아주 많다. 바쁘게 일하는 홍콩 사람에게 스낵은 아주 표준적인 식사라고 할 수 있다.

길거리 음식 천국

홍콩은 오랜 기간에 걸쳐 인구의 집중이 이루어졌다. 동남아 지역의 기후에 걸맞게 노점이 발달했는데, 더 많은 사람이 더 싸게 먹을 수 있는 절묘한 조건이 만들어졌다고 할 수 있다. 여전히 홍콩은 노점이 성행하며, 노점이 아니더라도 많은 서민 식당이 반(半)개방형으로 설계된 것을 목격할 수 있다. 주방의 열기를 가둬두지 않고 열어둠으로써 요리사의 스트레스를 줄이고, 가게 안이 덥지 않도록 조절하려는 의도다.

노점의 역사에서 두 가지 '업태'를 홍콩인은 기억하고 있다. '체자이민(車仔麵)'과 '다이파이동(大牌檔)'이다. 체자이민은 영어로 '카트 누들(Cart Noodle)'이라고 하는데, 이름에서 연상하듯이 원래는 한국의 포장마차처럼 길거리에서 카트에 조리시설을 싣고 면을 삶아서 팔던 방식까지 아우른다.

다이파이동은 일종의 거리 포장마차 개념이다. 한자를 잘 보면 큰 패(大牌·허가증)를 붙인 가게란 뜻이다. 이는 제2차 세계대전 이후 생겼다. 당시 홍콩 정부는 전쟁 중에 죽거나 다친 공무원의 가족에게 면허를 발급해 공공장소에서 노점을 운영하고 생계를 유지할 수 있도록 했다. 처음엔 술집이 아니라 국수 같은 간이 음식을 팔았다. 지금은 친구나 친한 동료가 여럿 모여서 술을 마시는 집으로 통용된다.

현재는 야시장을 제외하면 사실상 노점 영업은 하지 않으며, 대부분 고정된 업장의 형태로 바뀌었다. 하지만 조리 방식이나 제공법, 먹는 관습은 과거와 흡사하다. 미리 조리된 십수 가지의 고명을 차려 놓는다. 대개는 한두 가지의 육수를 준비하고, 원하는 국수와 고명을 손님이 선택하면 재빨리 말아준다. 어묵과 흡사한 '위단(魚團)' '소 내장(牛雜)' '돼지 내장(猪雜)'이 별미며, '소 뱃살(牛腩·양지머리)'이 특히 추천할 만하다. 채소는 상대적으로 적은 편이다.

홍콩 사람이 즐겨 먹는 음식은 다 파는 형태로 진화됐다. '나이차(奶茶, 우유를 넣은 진한 차. 홍콩에서 독자적으로 발달했으며 나이차 달이는 노포 기술자가 있을 정도다)' '윤영(鴛鴦, 밀크티와 커피의 혼합차. 가장 홍콩다운 이종 혼합차다)', 버터에 지져서 꿀을 무지막지하게 듬뿍 뿌려 먹는 프렌치 토스트(사이토시(西土司)라고도 한다), 유명한 파인애플 번, 그리고 커피가 차찬텡의 핵심적인 음식이다. 홍콩 사람이 좋아하는 닭발과 소 내장 조림, 소시지·햄·밥·국수를 파는 것은 물론이다. 2007년 홍콩입법위원회의 한 의원은 차찬텡을 유네스코 인류문화유산으로 등재할 것을 제안하기도 했다. 최종적으로 등재는 되지 않았지만, 얼마나 홍콩다운 식당인지 증명해 주는 대목이다.

차찬텡의 특징 중에는 우리나라 사람도 기억하는 '호마이카' 탁자가 있다. 값싸고 가벼운 탁자를 의미하는 이것은, 원래 미국의 '포마이카(Formica)'라는 상표의 신소재를 의미한다. 미국의 가구나 인테리어 소재로 개발돼 널리 쓰였는데 아시아에도 전해져 홍콩에서는 차찬텡의 핵심 가구로 사용됐다. 홍콩 시내를 다니다 보면 '빙삿(氷室)'이라는 차실이 많이 보이는데 이 또한 차찬텡과 크게 다르지 않다.

흔히 우리는 '중국 요리=웍'으로 기억한다. 이 보편적인 대명사는 사실 홍콩과 광둥 요리의 전통에서 퍼져 나온 말이다. 웍은 'wok'이란 홍콩식 발음으로 표기돼 중국 요리를 세계에 알리는 상징어가 됐다. 웍 안에서 익어가는 요리처럼 홍콩은 맛의 유혹으로 충만하다. 사실 홍콩은 작고 오밀조밀한 도시 자체가 맛있는 냄새와 향기를 풍기는 다층구조의 찜솥 같다. 딤섬집 만두 용기처럼 하나씩 통을 열어갈 때마다 놀라운 맛과 다채로움을 우리에게 선사한다. 홍콩을 떠날 때는 다시 돌아올 것을 결심하게 된다. 또 먹어보고 싶은 음식이 기다리고 있기 때문이다.

몽콕 파유엔 재래시장을 찾은 왕육성 사부(오른쪽)와 박찬일 셰프의 모습. ©권혁재

홍콩 가기 전에 당신이 알아야 할 것들

홍콩은 항구다. 한자 표기로는 향항(香港). '향기 나는 항구'라는 뜻이다. 무슨 향일까. 홍콩은 명나라 때 향나무 중계무역항에서 출발했다. 향나무 향 가득한 항구여서 '샹강(香港)'이라는 이름이 붙었다. 홍콩이 샹강의 광둥어 발음이다.

1842년 난징조약 이후 홍콩은 영국 식민지로 155년을 보냈고, 1997년 중국에 반환돼 지금은 중국에 속한다. 정확히 말하면 중국 특별행정구. 하여 광둥어가 기본이지만, 영어도 두루 쓰인다. 다만 전통시장이나 노포 같은 서민 식당에서는 오로지 광둥어만 통하니 생존 광둥어 몇 문장은 외우시라 권한다.

센트럴의 빌딩숲과 빅토리아 하버를 오가는 '스타 페리'. 홍콩을 상징하는 장면이다. ©백종현

홍콩은 세계에서 인구 밀도가 가장 높은 도시 중 하나다. 인구는 734만 명인데, 면적(1105.6㎢)은 제주도(1848㎢)보다도 작다. 현재 홍콩은 구룡반도와 홍콩섬 · 란타우 등 여러 섬으로 이루어져 있다. 홍콩과 홍콩섬이 종종 혼용되는 까닭이다. 한국하고는 비행기로 약 4시간 거리, 시차는 한국이 1시간 빠르다.

과거에는 영국 식민지였고 현재는 중국 영토인 홍콩이, 화폐는 의외로 미국 달러의 영향을 받는다. 홍콩 공식 화폐 홍콩달러(HKD)가 미국 달러에 연동해 환율을 정하는 이른바 '페그제(Peg System)'를 도입해서다(미화 1달러당 7.79~7.87HKD 고정). 2024년 현재 1HKD는 약 170원. 완탄민(완탕면) 한 그릇이 40HKD(약 6800원) 정도다. 미국 달러가 강세면 홍콩 물가도 뛴다. 요즘 한국에서 홍콩 인기가 예전 같지 않은 이유 중 하나도 미국 달러가 비싸서다.

홍콩은 세계적인 국제무역 도시이지만, 신용카드를 안 받는 상점이 의외로 많다. 하여 현금은 홍콩 여행의 필수품이다. 전통시장은 물론이고 일반 식당에서도 'Only Cash'를 써 붙인 가게가 허다하다. 다행히 ATM과 환전소가 시내 곳곳에 있다.

홍콩은 덥다. 더위도 더위지만, 더 참기 힘든 건 습도다. 평균 습도가 90%가 넘는다. 현지인이 이런 얘기를 해준 적이 있다. 에어컨 끄고 여행 갔다 오니 집 안에 곰팡이 피었더라고. 해서 홍콩에서는 24시간 에어컨을 빵빵 틀어댄다. 한여름에도 가벼운 외투를 챙겨야 하는 이유다. 홍콩은 겨울마다 한파로 사망자가 발생한다. 겁 먹을 필요는 없다. 홍콩의 겨울 평균 기온은 15도 안팎이다. 눈도 없고 땅이 얼지도 않는다. 홍콩 사람이 추위에 약할 따름이다.

목차

PART 2. 홍콩의 미식을 말하다

PART 3. 홍콩의 명소로 향하다

PART 1

홍콩의
일상을
맛보다

Google Maps
莎莎
植物醫生
CAFÉ
大家樂
味千拉麵
SUSHI EXPRESS
CHOW TAI FOOK
BUS
STOP
巴士站
TAXI
社區回收點500+
Community Collection Points
回收環保站
回收便利點
回收流動點

GIVE
WAY
讓
GIVE
WAY
讓
通
TUNG
的士
TAXI

3188 2337
SOGO
BUS STOP
Kennedy Town
RARITY
65

SOGO
HONG KONG
新店開幕
88折
www.fitboxx.com
30秒即到
新昌大藥房
SUN CHEUNG DISPENSARY
53E

딤섬 點心

린헝라우

원 하버 로드

원딤섬

팀호완

소셜 플레이스

한입에 넣는 26g의 비밀

여태 우리는 딤섬을 잘못 알았다. 딤섬이 곧 만두인 줄 알았다. 홍콩에 가서야 알았다. 세상에, 닭발도 딤섬이었다. 딤섬에 대해 이제 안 사실이 하나 더 있다. 딤섬은 한국인에게 가장 친숙한 홍콩 음식인 동시에 가장 오해가 많은 먹거리다.

용어부터 정리하자. 딤섬(點心)은 원래 아침과 저녁 사이에 간단하게 먹는 음식이었다. 점심(點心)의 광둥어 발음이 '딤섬'이다. 딤섬은 중국 남부 광둥성에서 유래했다. 예나 지금이나 중국인의 간식 시간에 차(茶)가 빠질 리 없다. 해서 딤섬은 곧 '얌차(飮茶)'로 통했다. 얌차의 원뜻은 '차를 마시다'이지만, 홍콩에서는 '차와 함께 딤섬을 즐긴다'는 의미로 통한다. 하여 홍콩에선 '딤섬을 먹었다'는 말보다 '얌차하러 갔다(허이 쪼 얌차, 去左飮茶)'는 말을 더 자주 쓴다. 홍콩 거리의 딤섬 전문점에 '차실(茶室)' '차루(茶樓)' '티하우스(Tea House)' 같은 간판이 자주 보이는 이유다. 차는 있지만 술은 없다. 홍콩 딤섬집은 술을 두지 않는 게 전통이다.

그러니까 딤섬은 하나의 음식이라기보다 예부터 전해 오는 문화에 가깝다. 표준국어대사전도 딤섬을 다음과 같이 정의한다. 중국 남부 지역에서 점심 전후로 간단하게 먹는 음식을 '통틀어' 이르는 말. 딤섬은 교자·찐빵·튀김·탕·죽·떡 등 온갖 음식을 아우른다. 홍콩에서 딤섬으로 구분되는 음식을 하나하나 따지면 300개가 넘는다. 흥미로운 예외도 있다. 한국에서 샤오룽바오(小籠包)는 익숙한 딤섬 요리지만, 홍콩에는 샤오룽바오가 없는 딤섬집이 꽤 있다. 샤오룽바오는 광둥성(廣東省)이 아니라 상하이(上海)에서 온 음식이어서다.

딤섬은 광둥성에서 출발했으나 홍콩에 건너와 비로소 꽃을 피웠다. 19세기 중반 홍콩이 영국의 무역항이 된 뒤로는 홍콩 음식의 대명사처럼 세계만방에 퍼져나갔다. 세월이 흐르고 동서양 문화가 섞이다 보니 홍콩의 딤섬에도 변화가 일어났다. 요즘 홍콩 딤섬집 중에는 앙증맞은 캐릭터를 앞세운 가게도 있다. 금기시했던 술을 파는 딤섬집도 생겼다.

딤섬 초보를 위한 핵심 메뉴 15

세상 모든 딤섬을 맛보려면 한 달로도 시간이 모자라다.

보통 전문점에서는 40~50가지의 딤섬을 내놓는다. 추천 메뉴 15개를 추렸다.

★★★ 호불호 없음. 무조건 드세요 ★★ 맛있어요! ★ 낯설 수도 있어요

하가우(蝦餃)

★★★

새우 교자. 만두피가 얇고 투명하다.

씨우마이(燒賣)

★★★

다진 고기나 해산물을 넣은 교자. 보자기 모양이 특징.

차씨우바오(叉燒包)

★★★

양념해 구운 돼지고기 바비큐를 넣은 찐빵.

라우사바오(流沙包)

★★★

영어로는 커스터드 번. 달콤해서 어린이에게도 인기 만점.

청펀(腸粉)

★★★

쌀로 만든 얇은 피 안에 고기나 새우를 넣은 전병.

펑자오(凤爪)

★

홍콩식 닭발 찜. 한국 닭발요리와 달리 맵지 않고 부드럽다.

싼쪽아오욕(山竹牛肉)

★★

고수가 든 소고기 완자. 우스터 소스를 뿌려서 먹는다.

꾼통가우(灌湯餃)

★★

홍콩식 만둣국. 새우·게살·버섯 등으로 소를 만든다.

천꾼(春卷)

★★

스프링롤. 밀전병에 고기와 각종 채소를 넣어 튀긴다.

짠쭈까이(珍珠雞餃)

★★

연잎밥. 잎 안쪽에 찹쌀과 돼지고기, 닭고기 등을 넣는다.

마라이꼬우(馬拉糕)

★★

촉촉한 식감의 계란케이크.

감친토우(金錢肚)

★★★

양념한 벌집양(소의 위)을 찐 요리. 매우 부드러운 식감.

파이구(排骨)

★★

돼지갈비. 한입 크기로 토막 내 찐다.

까이짭(雞扎)

★

닭고기와 여러 야채를 잘게 썰어 두부피로 돌돌 말고 찐 딤섬.

샤오롱바오(小籠包)

★★★

광둥식이 아니라 상하이식 딤섬. 의외로 안 파는 가게도 많다.

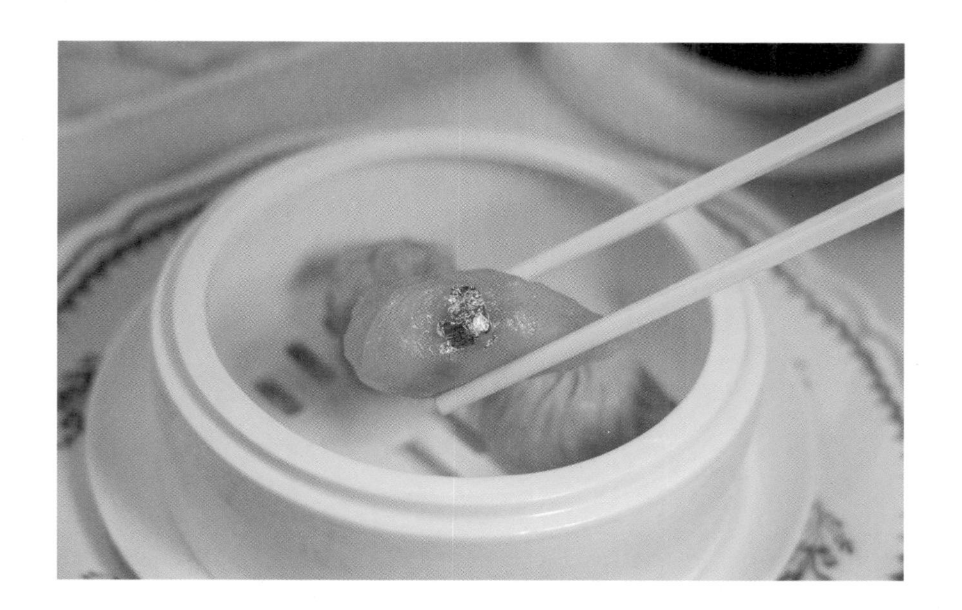

린헝라우

001

홍콩에서 가장 소란한 딤섬집

1918년 오픈한 딤섬집 '린헝라우'. 옛날식 카트를 밀고 다니며 '딤섬'을 파는 식당은 이제 홍콩에서도 몇 남지 않았다. ©백종현

코로나 시대를 지나며 홍콩의 내로라하는 명가(名家)도 여럿 장사를 접었다. '장국영 딤섬집'으로 한국에서도 유명했던 '예만방(譽滿坊)', 영화 '식신'의 하이라이트를 장식했던 해상 레스토랑 '점보(珍寶海鮮舫)'가 역사 속으로 사라졌다. 1918년 오픈한 딤섬집 '린헝라우'도 2022년 폐업했다가 2024년 4월 1일 거짓말처럼 부활했다. 옛 직원들이 돈을 모아 망한 가게를 일으켰단다. 홍콩 중심가인 센트럴(中環) 그 자리에서 옛 모습 그대로 다시 손님을 맞고 있다.

100여 년 전의 딤섬집 풍경은 지금과 사뭇 달랐다. 종업원이 갓 나온 딤섬을 철판 가득 목에 걸고 돌아다니면 손님이 내키는 대로 집어다 먹는 방식이었다고 한다. '인간 회전초밥'이었다고나 할까. 당연히 효율이 떨어졌다. 해서 1960년대 등장한 것이 린헝라우가 아직도 고수하는 '딤섬 카트'다. 옛날식 카트를 밀고 다니며 딤섬을 파는 식당은 이제 홍콩에서도 몇 남지 않았다.

외국인 여행자에게 린헝라우는 난도가 꽤 높은 식당이다. 영문 메뉴판이 없고, 오로지 광둥어만 통한다. 그래서 초행자는 공략법을 미리 숙지해야 한다. 먼저 밝히자면 난리도 이런 난리가 없다.

식당은 오전 6시 문을 연다. 오전 8시쯤부터 빈자리가 없다. 그때부터 대기해야 하는데, 자리는 금세 난다. 합석이 기본이어서다. 자리를 잡으면 종업원이 바로 다가온다. 그리고 표 한 장 달랑 쥐여주고 사라진다. 암호표처럼 한자와 번호만 줄줄이 적힌 이 표가 주문표이자 영수증이다. 종업원이 카트 가득 대나무 찜통을 싣고 나오며 "하가우" "씨우마이" 같은 메뉴를 외치면 본 게임이 시작된다. 주문표 쥐고 카트 앞으로 달려나가야 할 시간이다. 경쟁이 치열하다. 카트가 내 앞에 올 때까지 기다리다가는 본전도 못 뽑는다. 후다닥 달

갓 나온 '딤섬'을 실은 카트가 주방을 빠져 나오면 '린헝라우'의 홀에서는 한바탕 소동이 벌어진다. ©백종현

려나가 딤섬을 고르면 종업원이 주문지에 표시하고 요리를 건네준다. 교자 카트와 튀김 카트만 식당을 누비는 게 아니다. 죽 카트, 디저트 카트도 속속 출현한다. 음식값은 주문지 내역을 합산해 한 번에 계산한다. 찜통 하나에 보통 교자 3~4개가 들어가는데, 25~42HKD를 받는다. 약 4200~7200원이다.

홍콩 어르신이 딤섬을 즐기는 풍경, 우리 같은 외국인이 딤섬 전쟁터에서 각자도생하는 장면을 엿보는 재미만으로도 린헝하우는 가볼 만한 곳이다. 린헝라우는 '홍콩에서 가장 오래된 딤섬집'이자 '가장 소란스러운 식당'으로도 유명하다.

Lin Heung Tea House
린헝라우 蓮香樓

160 Wellington St, Central
딤섬

원 하버 로드

002

25g도, 30g도 아닌 26g 딤섬

홍콩에서 최고급 딤섬을 맛보겠다는 일념으로 선택한 집이 '원 하버 로드'다. 5성 특급호텔 '그랜드 하얏트 홍콩'의 광둥 요리 전문 레스토랑으로, 딤섬이 대표 메뉴다. 원 하버 로드는 점심에 한정해 딤섬 특선 메뉴를 내놓는다. 2주 간격으로 딤섬 메뉴를 교체하며 손님을 맞는다.

딤섬을 종류별로 주문했더니 '딤섬의 황제'로 불리는 새우 교자 '하가우(蝦餃)'가 먼저 나왔다. 하가우는, 종류만 300개가 넘는다는 딤섬 중에서도 가장 기본이 되는 딤섬이다. 한식으로 치면 김치 같은 음식이다. 하여 홍콩 사람이면 누구나 하가우에 관해 일가견이 있다. 하가우가 나온 모양만 봐도 수준이나 맛을 가려낸다. 홍콩 사람이 꼽는 훌륭한 상태의 하가우는 이를테면 이런 식이다.

"속이 비칠 정도로 피가 얇고 투명하면서도 젓가락으로 집었을 때 터지지 않을 만큼 탄력이 있어야 한다." "저울로 잰 듯 무게가 일정해야 한다." "주름이 많아야 한다."

'원 하버 로드'의 찬홍청 총괄 셰프가 샤오룽바오를 빚고 있다. 그는 "좋은 딤섬 셰프라면 피의 두께와 소의 무게에 흐트러짐이 없어야 한다"고 말했다. ©백종현

'원 하버 로드'는 점심에 한정해 딤섬 특선 메뉴를 내놓는다. 일반 딤섬집에 비해 만듦새가 정교하고, 식재료 선택도 과감하다. 아래쪽 녹색 빛의 딤섬이 대표 메뉴 '하가우'다. ©백종현

딤섬 명가는 하가우를 주름 수까지 조율한다고 들은 적이 있었다. 홍콩에서 만난 맛 칼럼니스트 쳉보홍(鄭寶鴻)도 "딤섬을 진짜 잘하는 집은 하가우 주름이 13개로 일정하다"며 "주름이 13개여야 보기에도 좋고 탱글탱글한 식감을 유지할 수 있다"고 말했다. 원 하버 로드의 하가우가 주름이 정확히 13개다.

원 하버 로드의 하가우는 시금치를 가미해 고운 연둣빛을 띠었다. 챈홍청(陳漢章) 총괄 셰프는 "피가 얇고 무게에 흐트러짐이 없어야 좋은 하가우"라며 "한입 크기로 26g에 맞춰 빚는다"고 설명했다. 25g도, 30g도 아닌 26g이란 설명에 할 말을 잃었다.

하가우 말고도 새우와 전복을 올린 '씨우마이(燒賣)', 금박을 올린 메로 교자, 곰보버섯을 활용한 비건 교자도 각별했다. 메뉴 하나에 대략 100HKD(약 1만7700원)를 받는다. 여느 딤섬집보다 가격이 높았는데, 랍스터 육수를 곁들인 만둣국 형태의 꾼통가우가 168HKD(약 2만8000원)로 가장 비쌌다. 호텔 8층에 자리한 원 하버 로드는 홍콩섬에서도 전망 좋기로 손꼽히는 레스토랑이다. 빅토리아 하버와 홍콩대관람차가 내다보이는 창가 자리는 최소 2주 전 예약이 필수다.

One Harbour Road
원 하버 로드 港灣壹號

Grand Hyatt Hong Kong, 1 Harbour Road, Wan Chai
런치 딤섬 세트

원딤섬

003

딤섬 초보라면 이 집부터

'원딤섬'에서는 대략 70개의 딤섬 메뉴를 낸다. 당일 제작, 당일 소진을 원칙으로 한다. 사진 위 왼쪽부터 '펑자오(닭발찜)' '아우파이입(천엽찜)' '씨우마이(돼지고기 넣은 교자)' '차씨우바오(돼지고기 바비큐 찐빵)' '하가우(새우교자)' '감친토우(벌집양찜)' '싼쪽아오욕(소고기 완자)'. ©권혁재

구룡반도(九龍半島) 몽콕(旺角)에 자리한 '원딤섬'은 현재 홍콩에서 가장 분주한 딤섬집이다. 세계 각지에서 손님이 몰려온다는 소문에 끌려 세 차례나 가게를 찾았다. 처음엔 혼자 갔고, 다음엔 로컬 가이드 찰스와 함께 갔고, 마지막으로는 '진진'의 왕육성 사부, 박찬일 셰프 등 일명 '홍콩원정대'가 동시에 몰려갔다. 세 번 모두 가게는 만원이었다.

원딤섬은 2007년 처음 문을 열었고, 2011년 '미쉐린 가이드' 1스타에 올랐다. 딤섬 한 그릇이 20~35HKD 정도다(약 3500~6100원). 켄 우 사장은 "신선한 재료"와 "저렴하게"를 장사의 기본으로 꼽았다. 켄 우 사장은 "딤섬은 그날 빚어 갓 쪄서 나온 게 무조건 맛있다"면서 "많은 딤섬 체인점이 유통 과정

닭발도 '딤섬'이다. '펑자오'는 한국의 닭발 요리와 달리 맵지 않고 부드러운 식감을 가졌다. ©백종현

에서 2~3일씩 딤섬을 묵혔다가 사용하는데 원딤섬은 '당일 생산, 당일 소진'이 원칙"이라고 말했다. 원딤섬은 직원 9명이 새벽 1시30분부터 4시 사이에 출근해 정오까지 쉼 없이 교자를 빚는다.

홍콩에서 만두류의 딤섬은 크게 세 가지 종류로 나뉜다. 일반 교자(餃子) 형태의 '가우(餃)', 복주머니처럼 입을 벌린 '마이(賣)', 찐빵처럼 두툼한 '바오(包)'다. 가우 종류 중에선 투명한 만두피 안에 새우를 넣어 찐 하가우, 마이 종류 중에선 곱게 다진 고기나 새우를 주재료로 올리는 씨우마이, 바오 종류 중에선 돼지고기 바비큐를 넣은 '차씨우바오(叉燒包)'가 대표 메뉴다.

원딤섬은 대략 70개의 딤섬 메뉴를 내는데, 베스트셀러는 단연 하가우다. 하

'딤섬의 황제'로 불리는 '하가우'. '원딤섬'에서는 하루 평균 1000개의 '하가우'를 빚는다. ©백종현

루 평균 1000개의 하가우를 빚는단다. 50년 경력의 중화요리 대가 왕육성 사부는 원딤섬의 하가우를 맛보고 이렇게 말했다.

"하가우는 보통 교자랑 다르다. 홍콩 사람밖에 못하는 기술이다. 전분을 익반죽한 뒤 직사각형 형태의 중식칼로 누르고 휙 돌리면 순식간에 투명하고 동그란 만두피가 나온다. 그게 아주 예술이다. 나도 못 한다."

홍콩의 딤섬집은 가게마다 난이도가 다르다. 린헝라우처럼 광둥어만 통하고 메뉴 사진 없이 한자만 즐비한 가게는 난도 별 5개 만점의 고난도 식당이다. 원딤섬은 난도랄 것도 없다. 사진 앨범처럼 두꺼운 메뉴판을 쓰는데, 영어·한국어는 물론이고 프랑스어·독일어·일본어·러시아어·태국어 메뉴까지 제공한다. 딤섬 초보라면 가장 먼저 들러야 할 식당으로 추천한다.

One Dim Sum
원딤섬 一點心

209A Tung Choi St, Prince Edward
딤섬

팀호완

004

세계에서 가장 저렴한 미쉐린 스타 식당

'팀호완' 서구룡 올림피안 시티 지점의 내부 모습. '팀호완'은 2009년 구룡반도 몽콕의 작은 가게로 시작해 전 세계 10개국 80개 지점을 거느린 글로벌 기업으로 성장했다. ©백종현

'팀호완'의 다양한 '딤섬' 메뉴. 맨 왼쪽이 팀호완의 시그니처로 통하는 '차씨우바오'다. ©백종현

'팀호완'은 딤섬의 수도로 통하는 홍콩의 아이콘과 같은 딤섬집이다. 2009년 구룡반도 몽콕에서 20석 규모의 작은 딤섬집으로 시작한 팀호완은 2010년 곧바로 '미쉐린 가이드' 1스타에 오르며 성공 신화를 열었다. 전 세계 최초의 미쉐린 3스타 중식당인 '룽킹힌(포시즌스 호텔 홍콩)'에서 딤섬 총괄을 맡았던 막콰이푸이(麥桂培) 셰프가 '질 좋고 합리적인 가격의 딤섬'을 만들겠다며 홀로서기를 시작한 지 딱 1년 만의 일이었다. 당시 딤섬 메뉴 대부분을 우리 돈 1800~4000원에 팔았다. 한때 팀호완이 '세계에서 가장 저렴한 미쉐린 스타 레스토랑'이라는 찬사를 받았던 까닭이다. 현재 팀호완은 전 세계 10여 개 나

라에 80개 지점을 거느린 글로벌 딤섬 기업으로 성장했다. 서울에도 지점 4개를 두고 있다.

팀호완의 시그니처 메뉴는 33HKD짜리(약 5800원) 차씨우바오다. 12 HKD를 받았던 15년 전에 비하면 가격이 두 배 이상 뛰었다. 그래도 여전히 싸다. 차씨우바오는 양념한 돼지고기 바비큐를 듬뿍 넣은 찐빵이다. 전통 방식으로 만든 차씨우바우는 증기에 빵을 쪄 겉이 크게 부풀어 있고 식감이 부드럽다. 팀호완의 차씨우바오는 겉을 바삭하게 구워내는 것이 특징이다. 이른바 '겉바속촉'의 경지라고 할까. 비스킷 같은 외피를 허물어뜨리고 나면 달짝지근한 바비큐가 혀와 만난다.

팀호완의 성공 이후 홍콩의 수많은 딤섬집이 팀호완처럼 굽는 차씨우바오를 유행처럼 내놓고 있다. '미쉐린 가이드'는 2018년 '홍콩 미쉐린 스타 레스토랑에서 맛볼 수 있는 최고의 딤섬 요리 10가지' 중 하나로 팀호완의 차씨우바우를 소개하며 다음과 같이 평가했다. "차씨우바오의 흐름을 완전히 바꿔 놓은 혁신 요리."

Tim Ho Wan
팀호완 添好運點心專門店

Shop G72A-C, Olympian City 2,
18 Hoi Ting Rd, Tai Kok Tsui
차씨우바오

소셜 플레이스

005

이 귀여운 걸 어떻게 먹나요

←
(왼쪽 위부터) 연탄처럼 새까만 '관자 트러플 씨우마이', 아기 돼지 모양의 '요거트 푸딩', 망고스틴처럼 생긴 '랍스터 번', 아기 곰을 닮은 '리틀 베어 번', 달콤한 커스터드를 속에 품은 '차콜 커스터드 번', 붉은 색을 입힌 '비트 만두'. 딤섬 하나하나가 장난감 인형 같다. ©백종현

홍콩 딤섬은 현재진행형이다. 2009년 팀호완이 새로운 형태의 차씨우바오를 내놓은 이래 홍콩 딤섬은 진화를 거듭하고 있다. 근래에는 소셜미디어 시대의 흐름을 타고 퓨전 딤섬집의 인기가 부상 중이다. 그중 하나가 2014년 개업한 '소셜 플레이스'다.

소셜 플레이스는 여러모로 딤섬의 오랜 전통을 거부한다. 우선 딤섬의 생김새. 연탄처럼 새까만 '관자 트러플 씨우마이', 아기 곰 모양의 '리틀 베어 번', 망고스틴처럼 생긴 '랍스터 번', 붉은색을 입힌 '비트 만두', 아기 돼지를 닮은 '요거트 푸딩' 등 딤섬 하나하나가 장난감 인형처럼 생겼다. '인스타그램에 태그되지 않는 딤섬은 존재할 가치가 없다'고 외치는 메뉴 구성이라고 할까. 가게를 채운 손님 대부분이 '호기심 반 의심 반'의 표정으로 딤섬을 주문하고, 스마트폰 카메라를 켠 채 음식을 맞는다.

홍콩은 물론이고 한국의 MZ세대에게도 소셜 플레이스에 대한 반응은 폭발적이다. 인스타그램에서 'socialplace'를 검색하면 1만 개가 넘는 인증사진이 쏟아진다. 소셜미디어에서 자주 보이는 반응은 "귀여워서 어떻게 먹나요" 같

은 댓글이다. 물론 다들 잘만 먹는다. 실제 맛은 어떨까. 검은 찐빵 같은 '차콜 커스터드 번'을 한 입 베어물자 소금 간을 한 황금빛 커스터드가 용암처럼 쏟아져 나왔다. 거부하기 힘든 '단짠' 조합이었다.

딤섬집에서는 당연히 차가 기본이다. 어느 딤섬집에서든 자리에 앉으면 차부터 고르는 게 순서다. 보이차를 기본으로 우롱차·재스민차 같은 차를 딤섬에 곁들인다. 차 한 주전자에 대개 6~12HKD(약 1000~2000원)를 받는다. 간혹 차가 자동 결제돼 제공되는 식당도 있지만, 딤섬집에서 차를 되돌리는 손님은 한 번도 못 봤다. 맥주를 주문한 적이 있었으나 그때마다 "술은 안 판다"는 답이 돌아왔다.

딤섬집에서는 술이 안 되는 줄 알았었다. 그러나 아니었다. 소셜 플레이스는 메뉴판에 차보다 와인·생맥주 같은 주류가 더 많았다. 메뉴도 딤섬에만 국한돼 있지 않았다. 생선찜·멘보샤 같은 정통 광둥 요리로 빼곡했다. 딤섬에 관한 통념이 깨진 소셜 플레이스에서 뜨끈한 씨우마이와 함께 시원한 생맥주를 들이켰다.

Social Place
소셜 플레이스 唐宮小聚

139 Queen's Road Central, Central
차콜 커스터드 번, 요거트 푸딩

'소셜 플레이스'는 앙증맞은 모양의 '딤섬', 현대적인 메뉴 구성과 분위기 덕에 외국인 관광객에게도 인기가 높다. ©백종현

©백종현

중국 음식 사대천왕

음식은 결국 땅의 역사다. 지역 풍토가 음식에 매겨져서다. 중국은 덩치가 워낙 커 지역마다 지리 조건은 물론이고 기후, 심지어 민족도 다르다. 하여 음식 문화도 상이하게 발전했다. 중국 음식을 하나의 문화로 설명할 수 없는 이유다. 중국 음식은 지역에 따라 크게 광둥·산둥(山東)·쓰촨(四川)·장쑤(江蘇) 네 개로 나뉜다. 이른바 '중국 4대 요리'다.

광둥 요리

중국 남부 지방의 요리. 홍콩 요리가 여기에서 기원했다. 바다가 지척에 있어 예부터 해산물 요리를 즐겼고, 바닷길을 통해 세계 각지의 식재료를 받아들였다. 다리 네 개 달린 건 책상 빼고 다 먹는다는 말이 있을 정도로 식재료에 한계가 없다. 심지어 거머리도 먹는다. 1965년 광저우 요리전람회에서 소개된 메뉴가 5457개에 달했다고 한다. 더운 기후의 영향으로 저장성 높은 바비큐 요리가 발달한 게 특징이다. 주요 양념은 간장. 거의 모든 광둥 요리에 간장이 들어간다. 대표 음식은 차씨우를 비롯한 돼지·거위·비둘기 등을 활용한 바비큐, 제비집 수프, 딤섬, 생선찜, 뱀탕도 익숙한 광둥 요리다.

산둥 요리

산둥 지역은 문명을 일으킨 황허(黃河)가 흐르고, 공자·맹자가 태어난 땅이다. 풍부한 자원을 바탕으로 일찍이 인류가 번성해 베이징(北京)을 비롯한 화북(華北) 지역에 음식문화를 퍼뜨렸다. 이른바 '북경 요리'도 산둥 요리에서 파생했다. 산둥 요리는 한국에도 지대한 영향을 미쳤는데, 국내에서 중화요리를 이끈 1세대 대부분이 산둥성 출신 화교다. '진진'의 왕육성 셰프는 "산둥 요리는 재료 본연의 맛을 중요히 여기기 때문에 진한 양념보다는 육수를 두루 활용하고 센 불에서 빨리 조리하는 것이 특징"이라고 설명했다. 대표 음식은 탕추(糖醋·탕수육의 원형), 작장면(炸醬麵·짜장면의 원형), 충샤오하이선(蔥燒海蔘·대파 해삼찜) 등.

쓰촨 요리

얼얼할 정도의 매운맛으로 유명하다. 습도가 높은 쓰촨성 지역의 사람은 예부터 땀을 빼기 위해 매운 음식을 즐겼다. 생강·마늘·고추·후추·산초·감주 등 다양한 조미료와 향신료를 활용한다. 대표 음식은 마라샹궈(麻辣香鍋), 훠궈(火鍋), 마파두부(麻婆豆腐), 라조기(辣椒鷄), 어향육사(魚香肉絲·중국식 고추 잡채), 딴딴면(擔擔麵) 등. 2010년 유네스코가 쓰촨성의 성도(省都) 청두(成都)시를 '맛있는 음식의 도시(美食之都)'로 지정했다.

장쑤 요리

난징(南京)을 거느린 장쑤성과 상하이 · 항저우 등 인근 지역의 음식을 아우른다. 상하이가 중국 최대 도시여서, '상하이 요리'로도 알려져 있다. '생선과 쌀의 고장'으로 통할 만큼 식재료가 풍부하고, 해산물과 육류를 두루 사용한다. 삶거나 찌거나 재우거나 하는 식으로 오랜 시간 정성을 들이는 요리가 많다. 달짝지근하면서도 짭조름한 맛이 특징. 대표 음식은 동파육(東坡肉), 남경오리(鹽水鴨·소금에 절인 오리를 찐 요리), 샤오룽바오 등.

길거리 음식 Street Food

까레이위단

내장 꼬치 열전

취두부와 오리 머리

량차

주청펀

까이단자이

홍콩 스타일의 길거리 음식을 맛보고 싶다면 '小食'이란 간판을 단 가게를 찾으면 된다. '음식을 적게 먹는다'는 게 아니라 '간단한 음식'을 파는 가게라는 뜻이다. ©백종헌

가장 홍콩스러운 음식들

'삭힌 홍어'처럼 괴이한 음식을 즐기는 한국인이라지만 냄새 풍기는 홍어를 노점에서 대놓고 팔지는 않는다. 홍콩은 다르다. 거리마다, 시장마다 별의별 음식이 죄 나와 있다. 홍콩 길거리에서 목격한 수상한 음식을 열거하면 대충 다음과 같다. 오리 머리 간장 조림, 취두부 튀김, 돼지 귀 꼬치, 암뽕(암퇘지 자궁) 조림…. 그 당황스러운 생김새와 이물스러운 식감, 오묘한 향이라니. 몰래 숨어서 먹을 필요까지는 없겠지만, 다 까발리고 먹는 홍콩인의 먹성과 취향은 먹는 것에 편견이 없는, 아니 없어야 하는 여행기자도 쉬 받아들이기 힘들다.

'길거리 음식' 하면 트럭이나 수레로 목 좋은 곳을 차지한 노점이 떠오르게 마련이다. 홍콩에선 아니다. 바퀴 달린 노점은 의외로 찾아보기 힘들다. 1980~90년대 홍콩 정부가 강력하게 단속한 결과다. 요즘 홍콩의 길거리 음식은 길바닥이 아니라 인도(人道)와 맞닿은 식당에서 만들고 판다.

그렇게 길거리 음식을 파는 식당이 '小食' 같은 간판을 단 가게다. '음식을 적게 먹는다'는 게 아니라 '간단한 음식'을 파는 가게라는 뜻이다. 테이블 없이 주방과 매대만 갖춘 소규모 점포가 거리마다, 건물마다 들어앉아 있다. 그렇다 보니 홍콩 거리를 거닐다 보면 그지지고 볶고 굽는 냄새에 무방비로 노출되고 만다.

어느 나라, 어느 도시든 길거리 음식에는 공통점이 있다. 싸고 간단하고 친숙하다. 물론 여행자에게 호기심 또는 호기를 요구하는 음식도 있다. 순간 멈칫하게 되나, 막상 경험하고 나면 뭘 좀 아는 여행자가 된 것처럼 뿌듯하다. 전 세계 길거리 음식은 거의 맛있다. 홍콩의 길거리 음식도 맛있다. 아니, 홍콩 음식은 길거리에서 가장 홍콩스럽다.

Oh Wahh
豪華
Wahh
Prat Avenue
29-1 寶勒巷
$收銀處 CASHIER
$25
$20
$25
涼拌皮蛋 $25(盒)
$40(盒)
$40(盒)
$58(盒)
重慶小食
CHONGQING SNACK

까레이위단

006

홍콩 거리의 소울푸드

꼬치용 '위단'은 '완탄민'에 올라가는 '위단'보다 확연히 작게 만든다. 한입에 쏙 들어가는 크기다. ©백종현

'까레이위단'. 카레를 가미한 육수에 위단을 넣고 졸인 다음 꼬치로 낸다. ©백종현

홍콩의 대표 주전부리는 누가 뭐래도 '위단(魚蛋)'이다. 별것 아니다. 경단처럼 동그란 어묵이다. '피시볼(Fish ball)'이라고도 한다. 홍콩인의 위단 사랑은 실로 엄청나다. 그냥 먹기도 하지만, '완탄민(雲呑麵·완탕면)'에도 넣어서 먹고 볶음면에도 올려서 먹는다. 홍콩의 거의 모든 음식에 들어간다고 봐도 된다. 얼마나 많이 먹느냐. 홍콩에서 하루 평균 375만 개의 위단이 소비된다는 통계가 있다. 위단은 탄력이 있으면서도 육즙이 풍부한 녀석을 최고로 친다. 영화 '식신'을 보면 위단 특유의 탄력성을 주성치(周星馳·짜우쌩치) 특유의 과장된 유머로 보여주는 장면이 나온다. 위단으로 탁구를 한다.

위단은 길거리 간식으로도 즐기는데, 카레를 푼 육수에 어묵을 넣고 양념이 배도록 졸인 '까레이위단(咖喱魚蛋)'이 제일 흔하다. 위단은 예부터 광둥 지역의 간식이었다. 1950년대 영국인을 따라 인도인이 대거 홍콩에 상륙했는데, 이때 카레가 들어왔고 끝내 까레이위단이 탄생했다. 중국 음식과 인도 음식이 만나 홍콩 음식이 만들어진 셈이다. 생선 자투리를 반죽해서 쓰는 위단이나 카레 모두 값싸게 얻을 수 있는 재료여서 까레이위단은 빠르게 홍콩 식탁을 점령할 수 있었다.

위단은 나무 꼬치에 5~6개씩 끼워서 판다. 꼬치 하나에 대개 10HKD(약 1700원)씩 받는다. 홍콩 사람은 까레이위단을 말할 때 '자극성' '중독성' 같은 단어를 자주 언급한다. 매운맛, 짭짤한 맛, 달짝지근한 맛 등 가게마다 저만의 조리법이 있다. 오늘도 홍콩의 거리에서는 위단 실험이 벌어지는 중이다.

내장 꼬치 열전

007

꼬치는 못 참지

템플 스트리트 야시장. 홍콩 대표 길거리 음식을 내는 노점 32개가 100m의 거리를 따라 줄지어 있다. 오후 11시까지 장을 연다. ©백종현

야시장에서 맛볼 수 있는 각종 꼬치 요리들. ©권혁재

틴하우 사원(油麻地天后廟) 옆 템플 스트리트(廟街)는 홍콩에서 가장 거대한 야시장이 서는 거리다. 구룡반도의 두 번화가 조던(佐敦)과 야우마테이(油麻地) 사이, 대략 500m 길이의 골목에서 매일 장이 선다.

야시장 하면 으레 먹거리 장터부터 떠올리지만, 놀랍게도 템플 스트리트에는 음식 노점이 없었다. 간혹 무허가 노점이 숨바꼭질하듯 장사를 해왔으나 어디까지나 불법이었다. 그러던 2023년 12월, 드디어 먹거리 야시장이 생겼다. 관광 활성화와 시장 살리기 임무를 띤 이른바 '음식 노점 전용 구역'이 문을 열었다. 템플 스트리트 입구에서 시작해 100m 거리에 먹거리 장터가 조성돼, 현재 노점상 32곳이 특별 허가를 받아 길거리 음식을 만들어 판다. 100개가 넘는 노점이 늘어선 서울 명동에 비하면 규모는 작지만, 홍콩의 대표 길거리 음식은 다 출전했다.

템플 스트리트 야시장의 간판 음식은 각양각색의 꼬치다. 닭똥집, 중국식 훈제 소시지(紅腸), 돼지 내장, 오징어 다리 등 별별 것을 꼬치에 끼워 파는데, 꼬치 하나에 15~25HKD(약 2600~4300원)를 받는다.

©백종현

돼지 귀부터 돼지 내장, 오징어 다리 등 별별 것을 꼬치에 끼워 판다. ©백종현

"돼지 귀 물렁뼈는 오독오독 씹히는 게 식감이 아주 좋다."

'진진'의 왕육성 사부는 "돼지 귀를 길거리에서 파는 건 한국에선 상상도 못 한다"며 어린아이처럼 신난 얼굴이었다. 전형적인 한국 아재 입맛에는 대창 꼬치가 입에 착 붙었다. 템플 스트리트 야시장은 오후 2시에 열리지만, 어둠이 내리는 오후 8시는 넘어야 시장에 활기가 돈다.

취두부와 오리 머리

008

미션 임파서블!

오리 머리 간장 조림. 템플 스트리트 야사장에서도 가장 난도가 높은 길거리 음식이다. ©백종현

템플 스트리트 야시장에서 맛본 취두부. 바삭하게 튀긴 취두부에 칠리 소스를 뿌려 먹는다. ©백종현

오리 주둥이를 절반으로 자르고, 간장 육수를 다시 입혀 오리발과 함께 낸다. ©백종현

“이건 못 먹지, 어디서 두부 썩은 냄새만 풍겨도 길을 돌아서 간다.”

왕육성 사부는 취두부 앞에서 손사래를 쳤지만, 템플 스트리트 야시장에서 가장 기억에 남는 건 의외로 취두부였다. 도저히 안 되겠다 싶으면서도, 묘한 도전정신을 자극했다. 기름에 바삭하게 튀긴 취두부에 매콤한 양념장을 부어가며 먹는데, 각오했던 것보다 냄새도 없고 술술 넘어갔다.

오리 머리 앞에서는 입장이 바뀌었다. 간장 양념에 재우고 졸인 오리는 몸통도, 날개도 없이 대가리만 줄줄이 매대 위에 깔려 있었다. 오리 머리를 주문하자, 큼지막한 중식도를 주둥이 사이에 넣어 머리를 반으로 가르고 뚝뚝 한 입 크기로 목을 잘라낸 다음, 오리발을 곁들여 용기에 담아줬다. 살점이랄 것도 없어 보이는데 뭘 먹는다는 것일까.

“그래 보여도 곳곳이 살이라, 야금야금 뜯어 먹는 재미가 있지. 맥주랑도 좋고 고량주랑 아주 궁합이 좋은 안주다.”

왕 사부가 오리 머리를 쪽쪽 빨아 먹으며 자꾸 권했다. 옆자리 현지인도 “육수 낼 때도 좋아서 홍콩에서는 오리를 먹다가 머리가 남으면 서로 가져가려고 한다”고 거들었다. 짭조름하니 쫄깃하고 잡내도 없었지만 살점을 뜯으려면 주둥이든, 오리발이든 물고 빨아야 하는 게 영 곤욕이었다. 이래저래 템플 스트리트 야시장에서는 독한 술 한잔이 절실했다.

량차

009

더위 잡는 특효약

홍콩은 덥다. 5~10월 최고기온이 30도 안팎인데, 습도가 높아 체감온도가 훨씬 높다. 한낮에는 말 그대로 푹푹 찐다. 에어컨은커녕 선풍기도 변변치 않던 시절, 홍콩 사람은 어떻게 그 극한 더위를 이겨냈을까.

비결은 '량차(涼茶)'라는 이름의 한방차다. 직역하자면 시원한 차. 음료가 차가워서가 아니라 몸의 열을 내려준다는 의미다. 최소 10가지부터 최대 30가지까지 약재를 넣어 달이는데, 차게도 마시고 따뜻하게도 마신다. 홍콩에서는 아이스크림이나 슬러시 음료처럼 길거리에서 량차를 판다. 이탈리아 사람이 스탠딩 바에서 에스프레소를 즐기듯이, 홍콩 사람은 길거리에서 량차를 마신다. 어르신만 량차를 즐기는 게 아니다. 젊은이도 콜라처럼 사 먹는다. 홍콩인의 걸음을 붙드는 량차 가게 중에 센트럴의 '촌우이떵(春回堂)'처럼 100년 넘은 노포도 있다.

중화권에서는 예부터 '화(火)' '열독(熱毒)' 따위가 만병의 근원이라 믿었다. 열을 내리고 화를 삭히기 위해 홍콩 서민은 량차를 달고 살았다. 만병통치약까지는 아니어도 서민이 믿을 만한 민간 치료제이자 값싼 보약이었다. "어렸

소프트 아이스크림이나 슬러시 음료를 팔 듯 길거리에서 '량차'를 판다. 한 잔에 2000원 안팎이다. ©백종현

'량차'를 즐기는 거리의 풍경. 현지인뿐 아니라 외국인에게도 인기가 높다. ©백종현

을 때 몸살이 나든, 여드름이 나든 몸에 이상이 생기면 어머니가 독을 빼야 한다며 량차를 해주셨다"고 귀띔한 홍콩 사람도 있다.

량차는 어떤 재료를 어떤 비율로 쓰느냐에 따라 종류가 천차만별이고, 약효도 제각각이다. 어느 량차 가게에나 기본으로 깔리는 량차는 해독작용을 하는 '우화차(五花茶)', 간에 좋은 '까이꽛초(雞骨草)', 감기 기운을 잡는 '야세이메이(廿四味)' 등이다. 한 잔에 10~15HKD(약 1700~2600원). 더위에 진땀을 뺀 어느 오후, 해독작용이 있다는 '거차이쉐이(葛菜水)'를 마셔봤다. 그날 2만 보를 가볍게 걸었다.

주청펀

010

홈치고 싶은 감칠맛

홍콩 사람이 아침에 즐겨 먹는 '주청펀'. 우리네 떡볶이와 매우 비슷하게 생겼다. ©백종현

청펀(腸粉)은 딤섬의 대표 메뉴 중 하나다. 쌀가루(粉) 반죽을 얇게 펴 증기로 찐 뒤 다진 고기·새우 등을 길쭉하게 감싼 음식으로, 간장을 흥건하게 뿌려 먹는다. 둘둘 만 얇은 피 안에 소가 들어찬 모양이 꼭 창자(腸) 같다 하여 다소 살벌한 이름이 붙었다. 중국 광둥 지역과 홍콩의 대표 아침 메뉴다.

홍콩 사람이 길거리에서 즐겨 먹는 간식에도 청펀이 있는데, 그게 '주청펀(豬腸粉)'이다. 이름처럼 돼지(豬)가 들어가지는 않는다. 흰 떡이 곧게 쭉 뻗은 모양이 돼지 소장을 닮았다 해서 생긴 이름이다. 일반 청펀과 달리 속에 아무것도 넣지 않는 것이 특징으로, 소가 없는 대신 여러 양념을 가미해 먹는다. 덕분에 생김새가 떡볶이와 똑 닮았다. 식감이 워낙 부드러워 술술 넘어간다.

삼수이포(深水埗)에서 단 한 끼를 먹어야 한다면 무조건 들러야 하는 식당이 청펀 전문집 '합익타이'다. 이 동네 아침을 책임진다는 전설의 그 청펀집이다. 합익타이에서는 하루에 1000개가 넘는 주청펀을 만든다고 한다. 합익타이는 오전 내내 긴 줄이 늘어선다. 그러나 거의 단일 메뉴로 주문이 이뤄져 줄이 금세 빠진다.

갓 찐 청펀 가락을 가위로 툭툭 자른 다음 참깨 소스 한 스푼, 특제 달콤 소스 한 스푼, 그리고 칠리 소스와 간장 한 바퀴씩 돌려주자 뚝딱 요리가 완성됐다. 뭐 저렇게 소스를 많이 치나 했는데, 예상 밖으로 자극적이지 않았다. 오히려 매우 담백했고 아주 고소했다. 무엇보다 한 국자 훔쳐오고 싶을 만큼 참깨 소스의 감칠맛이 두드러졌다. 한국으로 돌아가면 고추장 대신 참깨 소스 때려 넣고 떡볶이를 해 먹고 싶다는 충동이 들 정도였다.

삼수이포의 청펀 전문 '합익타이'. 하루 1000개 이상의 '주청펀'을 파는 집이다. 아침마다 남녀노소 가리지 않고 줄을 선다. ©백종현

까이단자이

011

홍콩 청춘의 인기 간식

한국에 붕어빵이 있다면 홍콩에는 '까이단자이(鷄蛋仔)'가 있다. 계란·밀가루·버터·설탕 등을 묽게 반죽해 틀에 구워 먹는 홍콩식 에그 와플이다. 요즘 애들이나 먹는 간식이겠거니 했는데, 의외로 역사가 길다. 1960년대부터 리어카를 끌고 다니며 즉석에서 숯불에 구운 까이단자이를 팔았단다.

붕어빵과 호두과자가 친숙한 한국인은 저런 종류의 빵이 구워질 때의 냄새를, 그 냄새의 거역할 수 없는 위험성을 익히 안다. 홍콩인도 마찬가지다. 냄새에 이끌리듯, 너나 할 것 없이 까이단자이 가게 앞으로 모여든다. 포도송이처럼 알알이 구운 빵을 하나씩 뜯어먹는데, 겉은 바삭하고 속은 촉촉하면서도 쫄깃하다. 붕어빵 애호가는 붕어 부위마다 맛이 다르다고 주장한다. 앙금이 우선이면 '머리파', 바삭한 식감을 좋아하며 '꼬리파' 되시겠다. 까이단자이도 촉촉한 알맹이보다 바삭한 가장자리를 선호하는 사람이 많다.

가격은 하나에 22HKD(약 3800원) 수준. 까이단자이는 공갈빵처럼 속이 빈 녀석이 기본인데, 요즘은 소프트 아이스크림에 곁들이거나 반죽에 말차·초콜릿 등을 가미해 개량한 것도 많다. 와플이든, 붕어빵이든 갓 나왔을 때가

홍콩 젊은층 사이에서 인기 간식으로 통하는 에그 와플 '까이단자이'. 포도 송이 같은 모습이다. ©백종현

專賣店
全新口味
獨家配方
Brand new taste, exclusive formula
Hello!
韓國燒雪糕
$25@1Pc
抹茶
Matcha
巧克力
Chocolate
凍檸茶
手打
檸檬茶
長洲大
Cheung Chau
$15/15
©백종현

우리네 붕어빵이나 호두과자처럼 홍콩의 '까이단자이' 가게도 빵 굽는 냄새로 행인들을 유혹한다. ©백종현

제일 맛있는 법. 까이단자이 가게 대부분이 주문과 함께 굽기 시작한다. 줄을 선 가게라면 20분 이상 빵 굽는 냄새를 참아내야 한다. 쉽지 않은 인고의 시간이다.

홍콩 전통시장 투어

레이디스 스트리트(女人街)

템플 스트리트와 함께 구룡반도에서 가장 번화한 시장. 본래 통초이(通菜 · 속이 비어서 공심채라고도 불린다)를 재배하는 땅이었으나 1970년대 노점이 들어서며 시장을 형성했다. 여성 의류나 화장품 · 액세서리 같은 품목이 주를 이뤄 '레이디스 스트리트 마켓'이라는 이름이 붙었다. 관광객 비중이 높아진 요즘은 여성용품보다 기념품 판매점이 더 흔하다.

파유엔 스트리트(花園街)

농산물 · 과일 · 의류를 파는 노점 위주의 시장. 레이디스 스트리트 인근에 있다. 시장 어귀 육교에 올라서면 낡은 아파트와 노점이 빽빽하게 늘어선 장면을 담을 수 있다. 노점이 일제히 천막을 친 모습이 거대한 조각보처럼 보인다.

몽콕의 레이디스 스트리트 마켓. ©백종현

몽콕의 파유엔 스트리트. 인근 육교에서 시장이 한눈에 내려다보인다. ©권혁재

춘영(春秧) 시장

홍콩섬 최북단 노스포인트(北角)에 자리한 시장. 트램이 시장 한가운데를 관통하는 이색 풍경으로 유명하다. 생선 · 채소 · 육류 따위를 파는 점포와 각종 의류와 생필품을 파는 노점이 철로를 가운데 두고 양옆으로 도열해 있다. 5~10분에 한 번씩 트램이 시장을 지닌다. 전 세계 사진작가가 몰려드는 명소다.

상하이 스트리트

홍콩 사람은 주방용품이 필요하면 야우마테이의 '상하이 스트리트'로 간다. 큰 칼날의 중식도(中食刀), 중국식 프라이팬 웍, 대나무 찜통, 나무 도마 등 주방에서 필요한 온갖 용품이 다 있다. 주부는 물론이고 전문 셰프도 아지트처럼 찾는 장소다. 왕육성 사부도 여기에서 중식 숟가락 탕쯔(湯匙)를 무더기로 사갔다.

춘영 시장. 트램이 시장 한가운데를 지난다. ©백종현

주방용품 가게가 몰려 있는 상하이 스트리트. ©백종현

알아두기

페리로 트램으로,
홍콩 대중교통 핵심 요약

홍콩에 도착하면 제일 먼저 할 일이 있다. 편의점으로 달려가 '옥토퍼스'라는 이름의 교통카드부터 사야 한다. 지하철(MTR)·버스·페리·전차 같은 대중교통은 물론이고 편의점·식당에서도 사용할 수 있는 교통카드이자 전자화폐다. 2022년 기준 옥토퍼스의 누적 판매량은 무려 3600만 장이다. 지갑 속에 옥토퍼스 카드가 없다면 홍콩 사람이 아니다.

홍콩은 교통과 도로 사정이 복잡해 렌터카 여행은 권하지 않는다. 그 대신 택시·버스·트램·페리 등 대중교통 시스템이 잘 갖춰져 있다. ©안충기

홍콩 대중교통 핵심 요약 *1HKD=170원 기준

종류	특징	가격	이용팁	옥토퍼스 카드 결제
스타 페리	구룡반도–홍콩섬 8분 만에 연결. 2층은 야경과 하버 뷰가 덤!	2층 5HKD (약 850원, 평일) 1층 4HKD (약 680원, 평일)	출퇴근 시간에는 교통체증 없는 페리가 최고	가능
트램	홍콩섬에서만 운행. 대중 교통 중 가장 저렴. 상당수 트램 에어컨 없음	2.3HKD (약 390원, 평일)	2층 앞뒤 끝자리가 시야 탁 트인 명당. 뒤로 타고 앞으로 내림. 현금 사용할 때 잔돈 안 줌	가능
지하철 (MTR)	홍콩에서 가장 이용량 많은 교통 수단. 광둥어로는 '꽁틧(港鐵)'	기본 요금 4.9~5.9HKD (약 830~1000원)	지하철 내부 음식 섭취 금지. 출퇴근 시간 (오전 7~9시, 오후 5~7시) 매우 혼잡	가능
버스	홍콩 전역 연결. 대부분 2층 버스	기본 요금 4.5HKD (약 770원)	구글 맵 권장(출발시간 실시간 확인 가능). 공항–시내 연결하는 A21번 버스 필수 체크. 현금 사용할 때 잔돈 안 줌	가능
택시	대부분 광둥어만 가능. 명물 빨간색 택시는 도심만 운행	기본 요금 29HKD (약 4925원, 최초 2㎞)	목적지 한자 지명을 미리 찾아둘 것. 트렁크 사용료 있음 (짐 1개당 6HKD(약 1000원))	대부분 현금만 가능

이색 요리 Exotic delicacies

비둘기 통구이

젖먹이 돼지 통구이

뱀탕

제비집 수프

거북이 젤리

세상은 넓고 별별 음식도 많다

이탈리아 서부 사르데냐 섬에 내려오는 전통 음식에 '카수 마르주(Casu Martzu)'라는 치즈가 있다. 삭힌 치즈인데, 치즈 속에서 꿈틀거리는 구더기까지 함께 먹는다. 태국·캄보디아 같은 동남아에는 매미를 통째로 튀긴 요리가 노점 좌판에 수북하다. 촘촘히 주름진 배와 가늘고 긴 다리 6개…, 찬찬히 뜯어볼수록 입에 넣을 엄두가 안 난다. 노르웨이 남서부 보스(Voss) 지방에서는 양 머리를 반토막 내 삶은 '스말라호베(Smalahove)'를 크리스마스 특식으로 즐긴다. 또 중국에는…, 더 있지만, 이쯤에서 참는다.

세상은 넓고 음식은 별별 게 다 있다. '괴식' '엽기' '이색' 같은 단어로 쉽게 정리할 수도 있지만, 가만히 들여다보면 이 괴이한 식품에도 역사와 의미가 담겼다. 배고팠던 시절이 낳은 추억의 음식도 있고, 미신과 결합해 보양식으로 발전한 음식도 있다. 음식에 대한 취향과 자세는 사회 환경에 좌우되게 마련이어서 똑같은 음식도 이 나라에서는 '혐오'로 치부되고 저 나라에서는 '미식'의 지위를 얻어 비싼 값에 소비된다.

홍콩에도 별별 먹거리가 다 있다. 이를테면 대가리까지 꼼꼼히 양념을 발라 통으로 튀긴 비둘기, 생후 두 달 된 돼지를 통으로 굽는 새끼돼지 통구이, 여기에 뱀탕과 뱀술도 있다. 거북이 젤리는 또 어떤가. 이름만 보고는 도저히 맛이나 형태가 감이 잡히지 않을 테다. 그 귀하다는 제비집도 홍콩에서는 어렵지 않게 맛볼 수 있었다. 이색 요리 리스트에 올릴지, 진미 리스트에 올릴지는 여러분의 판단에 맡긴다.

비둘기 통구이

012

닭 대신 비둘기? 오히려 더 맛있다

'타이핑쿤'의 비둘기 요리 '홍씨우위깝'은 장제스가 즐긴 요리로 유명하다. ©권혁재

식당 내부에 세월을 느낄 수 있는 옛 사진이 여럿 걸려 있다. ©권혁재

홍콩에서 난생처음 비둘기를 먹어봤다. 요약하자면, 너무 친숙해 더 낯선 음식이었다. 한국의 비둘기는 길바닥에서 모이 쪼며 노닐었는데, 홍콩 비둘기는 속살 드러낸 채 밥상 위에 누워 있었다.

프랑스·튀르키예·이집트 등 비둘기를 먹는 나라는 의외로 많다. 홍콩에서도 즐겨 먹는다. 비둘기 요리로 정평이 난 식당 중에 홍콩에서 가장 오래된 양식 레스토랑 '타이핑쿤'이 있다. 1860년 광저우(廣州)에서 시작해 1937년 홍콩으로 건너온 역사적인 장소다. 1939년 중국 주간지 '현세보'가 '명인의 식사'라는 글에서 장제스(蔣介石)가 사랑한 음식으로 타이핑쿤의 비둘기 요리 '홍씨우위깝(紅燒乳鴿)'을 꼽기도 했다.

홍씨우위깝은 지금도 타이핑쿤의 시그니처 메뉴로 통한다. 닭 껍질과 돼지뼈, 파슬리·양파 등을 넣고 5시간 달여 만든 특제 간장 소스를 비둘기에 정성

껏 바른 뒤 기름에 빠르게 튀긴 음식이다. 타이핑쿤의 5대 사장 앤드루 추이는 "100년 넘게 같은 레시피를 고수한다"고 자랑스레 말했다. 연한 육질을 얻기 위해 생후 19~20일의 어린 비둘기만 고집하는 것도 오랜 전통이다. 물론 길바닥 비둘기가 아니라 식용 비둘기다. 홍씨우위깝은 한 마리에 185HKD를 받는다. 우리 돈으로 3만1000원 정도다.

비둘기 요리를 처음 받아 들면 난감한 기분이 든다. 대가리까지 통으로 테이블에 오르기 때문이다. 굳이, 왜, 이렇게 흉측스럽게. 홍콩 사람의 생각은 다르다. 그만큼 좋은 식재료를 썼다는 의미고, 대가리까지 통째로 조리해야 육즙과 풍미가 살아있다고 믿는다.

한때 한국에서 '길거리 인기 간식 닭꼬치의 주재료는 비둘기다'라는 소문이 퍼진 적이 있었다. 홍콩에서 비둘기를 먹어보고 새빨간 거짓말이란 걸 알았다. 우리가 비둘기를 먹어본 적이 없어 저런 얄팍한 괴담에 속았었구나. 훨씬 기름지고, 탄력 있고, 야들야들하고. 뭐야, 닭보다 낫잖아.

Tai Ping Koon Restaurant
타이핑쿤 太平館餐廳

40 Hong Kong, Granville Rd, Tsim Sha Tsui
비둘기 통구이, 스위스 소스 치킨 윙

스위스 소스 치킨 윙. ©권혁재

젖먹이 돼지 통구이

013

완벽한 겉바속촉

젖먹이 돼지 통구이 '유쭈'. 돼지를 통으로 숯불에 구워낸 다음 먹기 좋은 한입 크기로 썰어서 준다. ©백종현

튀르키예에서는 결혼식에 '케슈케크(밀과 양고기를 푹 고아낸 뒤 으깨 내는 고기 스튜)'라는 요리를 돌린다. 우리네 잔치국수 같은 개념이다. 일본에서는 결혼식 날 새우 요리를 올리는 경우가 많다. 허리가 굽고 수염이 달린 새우처럼 늙을 때까지 함께 잘 지내라는 속뜻이 있단다.

홍콩의 큰 잔칫날, 특히 결혼식에서 빠지지 않는 것이 '유쭈(乳豬)'라는 요리다. 유쭈는 젖도 떼지 못한 어린 돼지를 뜻하는데, 머리부터 꼬리 끝까지 통

껍질 20%, 살코기 80%. 홍콩 사람이 생각하는 '유쭈'의 황금 비율이다. ©백종현

생후 6주 미만의 젖먹이 돼지를 화덕과 숯불을 이용해 꼼꼼하게 구워낸다. 몸 전체를 동일한 빛깔이 돌도록 굽는 것이 관건이다. ©백종현

바비큐로 올린다. 예부터 젖먹이 돼지는 '처녀의 순결'을 상징했단다. 순결을 따지는 결혼 문화야 오래전 사라졌지만, 음식 문화는 대대로 내려온다.

유쭈는 바삭한 껍질과 부드러운 육질이 특징이다. 당연히 어떤 돼지로, 어떻게 굽느냐가 관건이다. '공기 반 소리 반'이 아니라 '지방 20%, 살코기 80%'의 젖먹이 돼지만이 '겉바속촉'의 유쭈가 될 수 있다. 요즘은 대부분 전기 오븐으로 바비큐를 하지만, 홍콩섬 센트럴의 '융키'처럼 화덕과 숯을 고집하는 전문점도 있다. 이곳은 생후 2~6주가 된 새끼 돼지만 사용한다.

융키의 주방을 엿봤다. 1차로 화덕에서 구운 돼지를 꼬챙이에 끼운 뒤 엿

기름을 바르고 이리저리 돌려가며 숯불에서 다시 구웠다. 마동석 같은 팔뚝을 지닌 주방장이 "몸 전체를 동일한 빛깔로 구워야 하는데, 부위마다 지방층이 달라 일일이 수작업으로 한다"고 말했다. 2시간 뒤 맨살의 새끼돼지는 그의 손에서 초콜릿 빛깔의 유쭈로 변신했다.

유쭈를 맛보다가 여러 번 놀랐다. 일단 도무지 적응이 안 되는 생김새에 놀랐고(적출한 눈알 대신 방울토마토가 끼워 나온다. 이게 더 무섭다), 생각보다 비싼 가격에 눈을 의심했다. 한 마리가 1800HKD(31만원)나 했다. 껍질은 씹을 때마다 쌀과자보다 바삭한 소리가 났고, 속살은 미디엄레어로 구운 스테이크처럼 연했다. 서울에서 삼겹살과 돼지국밥을 달고 살아 돼지고기에는 일가견이 있다고 했었으나, 유쭈의 맛은 신세계였다.

Yung Kee Restaurant
융키 鏞記酒家

Yung Kee Building, Wellington St, Central
젖먹이 돼지 통구이, 거위 구이

뱀탕

014

그 많던 뱀장수는 어디로 갔을까

삼수이포의 뱀 전문 식당 ‘세웡입’의 뱀탕과 뱀술. 뱀 쓸개로 담근 뱀술은 녹색 빛이 돈다. ©백종현

뱀 전문 식당 '세웡입'의 30년 묵은 뱀술. 뱀술 한 통이 우리 돈으로 320만원이다. ©백종현

중국 속담에 이런 게 있다. '겨울에 보약을 먹어두면 봄에 호랑이도 잡는다(冬季進補 開春打虎).' 이 속담은 홍콩에서도 그대로 통한다. 한국인이 복날 보신탕으로 몸보신했듯이, 홍콩 사람은 겨울철 보양식으로 뱀 요리를 찾아 먹는다. 2023년 겨울에는 '피자헛 홍콩'이 뱀 고기 토핑을 올린 피자를 2주간 한정 판매하기도 했다.

홍콩에서 가장 보편적으로 즐기는 뱀 요리가 뱀탕이다. 광둥어로 '세깡(蛇羹)'이라 부른다. 약효는 좋을지 몰라도, 뱀 고기는 사실 그리 훌륭한 식재료는 아니다. 너무 질겨서다. 적어도 3시간 이상 삶아야 그나마 씹을 수 있는 상태가 된다. 뱀탕은 오랜 시간 삶은 뱀 고기를 잘게 찢은 뒤 찹쌀가루나 전분을 넣어 걸쭉하게 끓여서 나온다. 미리 알려주지 않으면 뱀탕인 줄 모르고 먹게 생겼다.

삼수이포의 80년 내력 뱀 요리 식당 '세웡입'에서 뱀탕을 맛봤다. 난생처음이었는데, 의외로 맛은 평범했다. 식감은 닭고기와 비슷했고, 특별한 잡내 없이 담백하고 고소했다. 뭐야, 이거 왜 맛있지 싶었다. 뱀의 쓸개로 담근 쓰디쓴 뱀술을 곁들여서일까. "몸의 열을 오르게 하고 원기회복에 도움이 된다"는 종업원의 설명처럼 속이 뜨거워지는 기분이 들었다. 뱀탕 한 그릇 53HKD(약 9100원), 뱀술 한 잔 26HKD(약 4500원).

한국의 보신탕이 옛 문화가 됐듯이, 홍콩의 뱀 요리도 잦아드는 추세다. 2003년 사스(SARS), 2020년 코로나를 겪으며 뱀에 대한 부정적 인식이 커져서다. 특히 코로나 발생 초기, 바이러스의 중간 숙주가 뱀이라는 조사 결과가 퍼지면서 뱀 전문 식당이 타격을 입었다. 산 채로 뱀 껍질을 벗기거나, 코브라에게 입을 맞추거나, 관광객 목에 뱀을 걸고 사진을 찍는 식의 퍼포먼스가 뱀 식당의 단골 레퍼토리였으나 예전 같은 활기는 찾아보기 힘들어졌다. 요즘 홍콩의 뱀탕집 대부분은 동남아에서 냉동 뱀 고기를 들여와 장사를 이어온다. 하드코어 체험장에서 얌전한 전통 식당으로, 이 또한 코로나가 가져온 변화 중 하나겠다.

Sher Wong Yip
세웡입 蛇王業

139 Nam Cheong St, Sham Shui Po
뱀탕, 뱀술

蛇王業
蛇王業
五蛇胆 每付
三蛇胆 每付
肉
肉
春
福
道

제비집 수프

015

황제의 아침상

홍콩에서 맛볼 수 있는 가장 비싼 식재료는 일명 '제비집'이다. 청나라의 최장수 황제 건륭제(乾隆帝)가 아침마다 챙겨 먹고, 미식과 사치를 즐겼던 서태후(西太后)도 회춘을 꿈꾸며 탐했다는 음식이 제비집이다. 정확히는 제비집으로 만든 수프 '옌워텅(燕窩湯)'이다.

오해 하나 풀고 가자면, 사실 제비집 요리에 쓰이는 재료는 제비(Swallow)가 아니라 흰집칼새(White-nest Swiftlet)의 둥지다. 겉모습이 비슷하고 같은 '燕(제비 연)'자를 쓰는 바람에 전 세계적으로 이름이 굳어졌지만, 제비와 흰집칼새는 엄연히 다른 새다. 나뭇가지·지푸라기·흙 따위를 물어다 둥지를 치는 여느 조류와 달리 흰집칼새는 오로지 제 입속에서 게워낸 희고 끈적한 침샘 분비물로 둥지를 짓는다. 이것을 채취해 깃털·배설물 같은 불순물을 핀셋으로 일일이 걷어내고 말려 식재료로 쓴다. 말레이시아와 태국이 제비집 최대 생산국으로 통하는데, 말린 둥지 1kg이 100만원에 팔릴 정도로 비싸다.

10여 년 전 중국에서 유독 성분의 불량 둥지가 대량 유통된 사건이 불거진 이후 홍콩에서 제비집 요리는 믿을 만한 레스토랑에서만 즐길 수 있는 진짜 수엔캄싱 주방장이 이끄는 '다이너스티'에서 다양한 제비집 요리를 맛볼 수 있다. 제비집은 물에 불려서 활용한다. 사진 속 한 접시 분량이면 40그릇의 제비집 수프를 만들 수 있다. ©백종현

건조 상태의 제비집과 게살을 가미한 제비집 수프. 새 둥지는 본연의 맛과 식감을 살리기 위해 요리 마지막 단계에 첨가한다. ©백종현

고급 요리로 지위가 격상했다. 이를테면 완차이(灣仔) 르네상스 호텔의 '다이너스티' 같은 광둥 요리 전문 레스토랑 같은 곳이다.

제비집은 사실 콜라겐 덩어리여서 그 자체로는 특별한 맛이 없다. 하여 다른 재료를 가미해 맛을 낸다. 40년 경력을 자랑하는 다이너스티의 수엔캄싱 주방장은 "제비집 본연의 식감과 맛을 해치지 않기 위해 게살·흰망태버섯·닭고기 같은 담백한 식재료만 추가한다"고 말했다.

게 알을 곁들인 756HKD(약 13만원)짜리 제비집 수프는 엄두가 안 나, 게살을 가미한 295HKD(약 5만원)짜리 제비집 수프를 주문했다. 둥지는 씹을 필요도 없이 목구멍을 타고 술술 넘어갔다. 맛은 잘 모르겠고 그윽한 향이 입안에 오래 남았다. 먹고 나니, 속이 편안하고 따뜻해지는 기분이었다. 잠깐이나마 황제가 된 것 같았다면, 너무 과장일까.

Dynasty
다이너스티 滿福樓

3F, Renaissance Harbour View Hotel Hong Kong,
1 Harbour Rd, Wan Chai
제비집 수프, 왕새우 튀김

거북이 젤리

016

디저트로 즐기는 거북이

'쿵워통'에서 맛본 거북이 젤리. 달짝지근하게 시럽이나 꿀 따위를 듬뿍 곁들여서 먹는다. ©백종현

무병장수의 상징 거북이는 아시아 여러 나라에서 약재로 두루 활용돼 왔다. 홍콩에서는 이른바 '거북이 젤리'라는 형태로 거북이를 즐긴다. 약이라고 생각하고 참고 먹는 게 아니라, 문자 그대로 거북이 맛을 '즐긴다'. 거북이 배딱지나 등딱지를 토북령·감초 같은 약재와 함께 곱게 갈아 달였다가 차게 식힌 뒤 푸딩처럼 숟가락으로 퍼먹는다.

점심시간 '쿵워통'에서 거북이 젤리를 먹는 홍콩 사람들. 몸의 독소를 빼주고 피부에도 좋다고 하여 세대 구별 없이 두루 즐긴다. ©백종현

홍콩식 거북이 젤리의 이름은 '꾸이링까오(龜苓膏 · herbal jelly)'. 얼마나 흔하고 친숙하냐 하면 동네 슈퍼마켓에서도 팔고, '홍콩의 올리브영'으로 통하는 '매닝스'에도 깔린다. 비둘기나 젖먹이 돼지처럼 통으로 조리해 대가리째 상에 오르는 건 아니니 비위를 걱정할 일은 없다. 얼마나 곱게 갈았길래 젤리가 되었을까 상상하지만 않으면.

거북이 젤리에도 원조집이 있다. 청나라 황실 의사의 후손이 1904년 홍콩에서 개업한 '쿵워통'에서 만들어 팔면서 전파했단다. 우리네 잡채나 갈비찜처럼 궁중 요리로 먼저 개발된 뒤 민간으로 퍼진 사례인 셈이다. "왕실에서 즐겼다"거나 "황제도 약효를 봤다"는 소문만큼 강력한 마케팅도 없는 법. 쿵워통은 현재 코즈웨이베이·몽콕 등에 5개 지점을 두고 성업 중이다. 거북이 젤리를 창시했다는 황실 의사의 그림을 비롯해 '여드름 억제, 변비, 숙면에도 좋습니다' 같은 문구가 곳곳에 걸려 있다.

거북이 젤리는 다소 씁쓸한 맛과 향이 돈다. 하여 꿀이나 연유·시럽 따위를 듬뿍 넣어 달짝지근하게 먹는다. 쿵워통에서는 한 그릇에 52HKD(약 1만 원)를 받는다. 한 그릇을 비우는 동안 젊은 연인, 공사장 인부, 마실 나온 어르신 등 실로 다양한 손님을 목격했다. 약효는 모르겠지만, 그 달콤쌉싸름한 것이 묘한 중독성이 있었다.

Kung Wo Tong
쿵워통 恭和堂

87 Percival St, Bowrington
거북이 젤리, 량차

모르면 실례, 잘못하면 망신 홍콩의 밥상 문화

- 식전 큰 대접에 담겨 나오는 뜨거운 물은 마시는 물이 아니다. 찻잔·젓가락 같은 식기를 씻는 용도다.
- 찻물이 떨어졌다면 주전자 뚜껑을 반쯤 열어두시라. 직원이 알아서 찻물을 채워 준다.
- 종업원이 찻물을 채울 때 손으로 테이블을 똑똑 두드려라. 감사의 의미다.
- 한 음식을 여럿이 공유하는 식당에선 젓가락이 2개씩 놓인다. 안쪽이 먹는 용도, 바깥쪽이 음식을 덜어오는 용도다.
- 접시 쓰임이 한국과 반대다. 속이 움푹 들어간 사발이 앞접시다. 평평한 접시에는 껍질·뼈를 담는다.
- 홍콩 사람은 딤섬을 차와 함께 즐긴다. 해서 주문을 따로 안 해도 손님 수에 맞춰 차를 자동으로 내오는 딤섬집이 많다. 물론 찻값은 따로 내야 한다.
- 테이블에 냅킨이 없는 식당이 많다. 포켓용 티슈를 꼭 챙겨라.
- 패스트푸드점에서는 먹은 걸 치우지 않아도 된다.
- 팁은 필수가 아니다.

홍콩 식당에서 식전에 주는 뜨거운 물과 큰 대접은 마시는 물이 아니다. 식기를 씻으라고 주는 물이다. 주전자 뚜껑을 열어서 걸쳐 두면 찻물을 채워 달라는 의미다. ©권혁재, 백종현

차찬텡 茶餐廳

미도카페

란퐁유엔

싱흥유엔

빙키

포키

차찬텡은 홍콩을 대표하는 서민 식당이다. 찻집과 식당이 결합된 형태로 1950년대부터 홍콩 전역에 뿌리내렸다. 사진은 센트럴의 유명 차찬텡 '싱흥유엔'. ©백종현

홍콩에는 집밥이 없다

어려서부터 우리 집은 가난했었고, 남들 다 하는 외식 몇 번 한 적이 없었고….

홍콩 사람이 지오디(god) 히트곡 '어머님께'를 듣는다면 고개를 갸웃할지 모르겠다. '외식 못 한 게 가난해서라고? 그럼, 삼시 세끼 사 먹는 우리는?'

홍콩에 '집밥'이나 '엄마 손맛' 같은 개념이 없다는 걸 알았을 때의 당혹감은, 산타가 실은 아빠였다는 진실을 뒤늦게 깨달았을 때와 비슷한 충격을 줬다. 알고 보니 홍콩은 일찍이 외식 문화가 뿌리내렸다. 돈이 많아서 끼니마다 사 먹은 건 아니었다. 외려 돈을 아끼려고 나가서 먹었다.

홍콩은 소득 대비 집값이 세계에서 제일 높은 도시다. 부동산 시세가 서울은 물론이고 뉴욕·런던보다 비싸다. 하여 홍콩의 집은 작

차찬텡

아야 했다. 그래야 집세 내고 겨우 살림을 꾸릴 수 있었다. 그렇게 집을 줄이다가 끝내 포기한 게 부엌이었다. 가뜩이나 좁은 집에 냉장고에 가스레인지까지 들여 더 좁게 사느니 차라리 밖에서 끼니를 때우기로 작정했다. 홍콩의 부엌이 집이 아니라 거리에 나앉은 사연이다.

삼시 세끼를 바깥에서 해결하는 홍콩인에게 편안한 부엌이 되어 주는 식당이 바로 차찬텡(茶餐廳)이다. 이름 그대로다. 차(茶)와 음식(餐)을 함께 먹는 곳. 밀크티 · 커피는 기본이고 샌드위치 · 토스트 같은 서양식까지 없는 게 없다. 모든 메뉴가 아무리 비싸도 60HKD. 우리 돈으로 1만원을 넘기지 않는다.

음식이 싸고, 빠르고, 다양하다는 특징 덕분에 차찬텡은 한국인 여행자에게 '홍콩의 김밥천국'으로 통한다. 하나 그걸로는 2% 부족하다. 메뉴가 50가지가 넘는다는 김밥천국도 밀크티는 내리지 않는다.

홍콩 사람은 물론이고 박찬일을 비롯한 한국의 음식 전문가도 홍콩의 정체성이 가장 잘 드러나는 식당으로 주저 없이 차찬텡을 꼽는다. 2007년 홍콩입법위원회의 한 의원이 차찬텡을 유네스코 인류문화유산으로 등재하려고 했던 것도 차찬텡이 지닌 독보적인 위상 때문이다. 카페도 아니고 식당도 아닌, 중국과 서양의 음식이 어지러이 뒤섞인 이 국적 불명의 공간에 홍콩의 부침 심한 역사가 꾹꾹 쟁여 있다.

차찬텡 추천 음식 7

나이차
(奶茶)
홍콩식 밀크티

윤영
(鴛鴦)
밀크티·커피 혼합 음료

홍다우뺑
(紅豆冰)
팥 음료

사이토시
(西多士)
프렌치 토스트

통판
(通粉)
마카로니 수프

보로바우
(菠蘿包)
파인애플 번

딴탓
(蛋撻)
에그 타르트

미도카페

017

뜨거운 물에 계란 동동

구룡반도 틴하우 사원 건너편에 자리한 '미도카페'. 1세대 차찬텡으로 1950년 문을 열었다. ©백종현

박찬일, 왕육성 셰프도 이곳에서 차 한잔의 여유를 즐겼다. ©권혁재

아무리 퓨전이라도 이 정도 역사를 지녔으면 찬란한 문화유산이다. 차찬텡은 70여 년의 세월을 헤아린다. 찬 음료를 팔던 찻집 '빵삿(氷室)'이 차찬텡의 원형이다. 이름을 다시 보자. 한자로 '빙실', 얼음집이다. 빵삿에서는 얼린 우유, 얼음물, 아이스크림, 밀크티 같은 음료와 토스트 같은 간단한 간식을 팔았다.

제2차 세계대전이 끝난 뒤 빵삿은 스테이크·커피·파스타 같은 서양 음식도 팔기 시작했다. 이때부터 빵삿은 차찬텡으로 진화했다. 다시 말해 카페보다 식당에 더 가까워졌다. 차찬텡은 금세 홍콩 전역으로 퍼져 나갔다. 질은 떨어질지 몰라도 '서양 맛'을 싸게 경험할 수 있어서였다. 호텔 레스토랑 갈 돈의 10분의 1만 있으면 스테이크를 썰 수 있었다.

지금도 차찬텡 중에는 '氷室' '餐室' 같은 옛 간판을 달고 손님을 맞는 가게가 적지 않다. 1세대 차찬텡 '미도카페'가 대표적이다. 1950년 야우마테이 틴

뜨거운 물에 계란과 설탕만 넣은 '꽌쒀이까이딴'과 우유를 곁들인 팥 음료 '홍다우빵'. '미도카페'의 대표 메뉴다. ©권혁재

유리창·소품 하나에도 세월의 흔적이 묻어 있다. ©권혁재

하우 사원 맞은편에서 개업한 미도카페는 70여 년이 지난 오늘도 그 자리를 지키고 있다. 콜라병처럼 옅은 청색이 도는 유리창부터 타일 하나, 소품 하나에도 세월이 흔적이 묻어 있다.

미도카페에 가면 꼭 먹어야 하는 음료 두 개를 주문했다. 연유와 설탕을 넣은 팥 음료 '홍다우빵(紅豆冰 · 50HKD · 약 8600원)'과 뜨거운 물에 계란과 설탕만 넣고 저어 마시는 '꽌쒀이까이딴(滾水雞蛋 · 22HKD · 약 3700원)'. 홍다우빵은 대부분의 차찬텡에서 맛볼 수 있는 인기 메뉴고, 꽌쒀이까이딴은 옛날 차찬텡에서 즐겨 먹던 추억의 음료다.

음료가 나오자 박찬일과 왕육성 두 셰프가 난감해했다. 특히 꽌쒀이까이딴을 보고서는 대체 왜 이런 걸 사 먹느냐는 듯한 표정을 지었다. 충분히 이해가 됐다. 날계란 푼 따뜻한 설탕물을 돈 주고 먹다니. 하나 두 셰프는 이내 컵 바닥까지 싹 비웠다. 호기심만으로 먹은 것 같지는 않았다.

미도카페는 매우 특별한 공간이었다. 음식이 맛있었다고 말하기는 어렵지만, 70년 전 홍콩으로 시간여행을 온 것처럼 옛 정취로 가득했다. 전 세계에서 관광객이 몰려드는 명소여서 별별 소동이 다 있었나 보다. '촬영 금지' 안내문이 곳곳에 붙어 있었는데, 다들 주인장 몰래 사진을 찍고 갔다. 식당이라기보다 추억을 파는 테마파크 같았다.

Mido Cafe
미도카페 美都餐室

63 Temple St, Yau Ma Tei
홍다우빵, 꽌쒀이까이딴

란퐁유엔

018

홍콩의 국민 음료 나이차

한국인의 국민 음료가 커피라면 홍콩인의 국민 음료는 홍콩식 밀크티, '나이차(奶茶)'다. 골목골목의 차찬텡에서도 팔고, 패스트푸드점에서도 팔고, 온갖 브랜드 달고 편의점에서도 판다. 홍콩에서만 하루 약 250만 잔의 나이차가 소비된다는 통계도 있다. 2024년 1월 홍콩천문대(HKO)가 '태풍 이름 공모전'을 벌였는데, '딤섬' '브루스 리(이소룡)' 등을 제치고 '나이차'가 1위(1만5750표)에 올랐다고 한다. 부드러운 이름처럼 태풍이 순탄하게 지나가길 바라는 마음이 담겼다나 뭐라나. 홍콩인의 나이차 사랑을 단적으로 드러내는 에피소드다.

홍콩식 밀크티는 차를 매우 진하게 우려내고, 우유 대신 무당연유(無糖煉乳)를 쓴다. 덥고 습한 홍콩에서는 썩기 쉬운 우유보다 연유가 여러모로 쓸모가 많았다. 나이차에 커피를 7대 3의 비율로 섞은 '윤영(鴛鴦)' 역시 홍콩에서만 맛볼 수 있는 별미다.

'나이차' '윤영' 하면 떠오르는 집이 1952년 문을 연 차찬텡 '란퐁유엔'이다. 이른바 '실크 스타킹 밀크티'를 홍콩에 퍼트린 원조집으로 통한다. 균일하고 부드러운 차를 만들기 위해 찻잎을 세 번에 걸쳐 걸러내는데, 이때 쓰는 고밀도의

'란퐁유엔'이 자랑하는 '나이차(홍콩식 밀크티)'. 차를 거르는 망이 스타킹을 닮았다 하여 '실크 스타킹 밀크티'라고도 불린다. ©권혁재

홍콩식 밀크티를 제조하는 기술은 홍콩 무형문화유산으로 등록됐고 우표로도 공식 발행됐다. ©홍콩우정

긴 거름망이 스타킹처럼 보인다고 하여 붙은 이름이다. 이 나이차 제조 기술이 2017년 홍콩 무형문화유산(ICH)에 올랐고, 2023년 우표로도 발행됐다.

란퐁유엔은 한국에도 명성을 뻗친 지 오래다. 홍콩섬 센트럴에 가게가 있는데, 가게 앞에서 서성이는 한국인 관광객을 수도 없이 목격했다. 나이차 한 잔에 25HKD(약 4300원). 무당 연유를 쓰는 나이차는 전혀 달지 않다. 대신 살짝 쓴 맛이 돈다. 박찬일 셰프가 "인스턴트 설탕 3봉지는 넣어야 진정한 나이차를 즐길 수 있다"며 연신 설탕 봉지를 깠다. 설탕으로 무장한 나이차에 시럽으로 코팅한 프렌치 토스트까지 곁들이자 막강한 '단단' 조합이 완성됐다.

Lan Fong Yuen
란퐁유엔 蘭芳園

📍 2 Gage St, Central
👍 나이차, 윤영

센트럴에 위치한 '란퐁유엔'. 1952년 가게를 시작했다. 과일 가게에 세 들어 사는 게 아닌가 싶을 정도로 규모가 작다. ©안충기

프렌치 토스트와 마카로니 수프, '나이차' 등 '란퐁유엔'에서 맛본 음식들. ©백종현

싱흥유엔

019

한국엔 없는 토마토 라면

차찬텡은 태생부터 가성비가 생명이었다. 싸고 빠르고 간편해야 서민의 선택을 받을 수 있었다. 예나 지금이나 차찬텡에 라면, 이른바 '공짜이민(公仔麵)' 요리가 많은 까닭이다. 애초의 공짜이민은 사실 한 업체의 라면 브랜드였다. 워낙 유명해져 홍콩에서 라면 그 자체가 됐다. '스팸' '호빵' '대일밴드'처럼 상표가 보통명사로 진화한 홍콩식 사례다.

짬뽕 라면, 불닭볶음면, 사골 라면, 짜장 라면…, 부숴 먹는 생라면까지 한국인으로서 별별 라면을 다 먹어봤지만, 토마토 넣은 라면은 홍콩에서 처음 먹어봤다. 이름하여 '판케아민(蕃茄牛麵)'이다. 이 방면에서 가장 유명한 맛집이 1957년 개업한 센트럴의 '싱흥유엔'이다. 란퐁유엔과 더불어 가장 긴 줄이 서는 차찬텡이다.

다 끓인 라면에 토마토만 얹는다고 될 일은 아니다. 갓 익힌 토마토와 푹 익힌 홀토마토(토마토를 삶고 껍질을 벗겨 가공한 통조림 토마토)를 적절히 배합한 다음, 갖은 육수로 끓인 라면에 얹는다. 라면을 쌀국수나 마카로니로 대체하는 것도 가능하다. 취향에 따라 스팸·베이컨·돼지갈비·계란프

센트럴 '싱흥유엔'의 토마토 라면. ©백종현

크리스피 번. 한국인에게는 낯설지만, 홍콩 사람은 라면과 빵을 함께 먹는 것을 즐긴다. ©백종현

크리스피 번과 토스트도 '싱흥유엔'의 인기 메뉴다. 식당 한편에서 아침 내내 빵을 굽는다. ©백종현

라이를 추가하는데, 소고기 얹은 '판케아우욕민(蕃茄牛肉麵)'이 제일 인기다. 40HKD(약 6800원). 호불호가 강하게 나뉜다는 말을 들었으나, 먹어보니 시큼하면서도 달짝지근한 것이 계속 입맛을 당겼다.

싱흥유엔의 또 다른 간판 메뉴가 있다. 빵을 절반으로 잘라 바삭하게 구운 크리스피 번이다. 버터와 연유를 발라 먹는데, 홍콩 손님 대부분이 토마토라면과 함께 주문한다. 라면에 김밥이 아니라 라면과 토스트라니. 이게 가능한 조합인가 싶었는데, 막상 맛들이고 나니 헤어나기 어려웠다.

Sing Heung Yuen
싱흥유엔 勝香園

2 Mee Lun Street, Central
토마토 라면, 크리스피 번

빙키

020

차찬텡 입문자에게 권한다

처음 차찬텡에 가서 메뉴판을 열면 난감한 기분이 든다. 메뉴가 너무 많아서다. 어디서부터 읽어야 하고 어떻게 봐야 하는지 가늠이 안 된다. 아무리 작고 허름한 차찬텡도 기본 50가지 이상의 메뉴를 내놓는다. 거위 구이 '씨우오(燒鵝)'처럼 미리 조리해둘 수 있는 음식이나, 통조림·라면·토스트처럼 조리가 간단한 음식이 많아 무엇을 주문하든 10분 안에 음식이 나온다. 갈 길 바쁜 직장인이 차찬텡을 애용하는 이유이기도 하다.

그 많은 메뉴가 다 맛있었다고는 차마 말하지 못하겠다. 한국인에게는 따뜻한 설탕물에 날계란을 푼 꽌쒀이까이딴이나 토마토 라면이 진입 장벽이 높을 수 있겠다. 란퐁유엔에서 닭 육수로 끓인 마카로니 수프를 맛본 왕육성 셰프는 "뭔가 만들다가 그만둔 음식 같다"며 고개를 저었다. 개인적으로는 '차씨우(叉燒)' 올린 국물 자작한 스파게티 앞에서 이탈리아 사람이 어떤 표정을 지을지 궁금했다.

차찬텡 초보자에게 권하고 싶은 메뉴가 있다. 돼지갈비 올린 라면 '쭈파민(豬扒麵)'이다. 어지간한 차찬텡에 다 있는 메뉴인데, 가게마다 양념과 비법이

'빙키'의 돼지갈비 올린 라면 '쭈파민'. 특제 소스로 양념한 뒤 바싹 구워 라면 위에 올린다. ©백종현

'빙키'처럼 노천 식당의 형태를 한 차찬텡도 있다. 더운 날씨를 피하지 못하는 단점에도 여행자 사이에서 인기가 많다. ©백종현

조금씩 다르다. 개중에서 타이항(大坑) '빙키'에서 먹은 쭈파민이 가장 탁월했다. 닭 육수로 끓인 라면에 두툼한 돼지갈비를 푸짐하게 올렸는데, 한 그릇에 30HKD(약 5100원)이다. 돼지갈비에 생강·마늘·토마토·그레이비·굴 소스 등을 배합한 특제 흑후추 양념을 바른 뒤 구워 잡내가 없었고 감칠맛이 도드라졌다. 장담컨대 한국인이라면 절대 싫어할 수 없는 맛이다.

빙키나 싱홍유엔은 '다이파이동(大牌檔·한국의 포장마차 같은 노천 식당)' 형태의 차찬텡이다. 덥고 비위생적이라며 꺼리는 사람도 있지만, 차찬텡·다이파이동보다 홍콩 서민의 음식문화를 보여주는 장소도 없다. 식당에 에어컨이 없으니 되도록 아침이나 저녁에 방문하길 권한다. 빙키가 자리한 타이항은 한국인 관광객 사이에서 '홍콩의 연남동'으로 불리는 동네다. 빙키 주변으로 젊은 감각의 카페와 소품 가게가 몰려 있다.

Bing Kee Cha Dong
빙키 炳記茶檔

5 Shepherd St, Tai Hang
돼지갈비 라면, 크리스피 번

포키

시장통 돼지불백이 떠오르는 그 맛

'포키'는 점심시간에만 돼지고기 덮밥을 판다. 이 시간에는 30분 이상 줄을 서야 한다. ©백종현

다시 정리하지만, 차찬텡은 1950년대 찻집과 카페가 서양 레스토랑의 음식을 만들어 팔면서 시작됐다. 이후 일부 차찬텡이 차씨우·볶음밥 같은 광둥 요리까지 영역을 넓혔고, 그것이 오늘날까지 차찬텡의 기본으로 이어지고 있다. 음료와 서양 음식이 먼저 만났고, 의외로 광둥 요리가 뒤늦게 결합했다.

차찬텡은 보통 이른 아침에 장사를 시작한다. 출근길 직장인을 받아야 해서 대개 오전 6~7시 사이 문을 연다. 오전 8시까지가 가장 붐비는 시간이다.

셩완의 차찬텡 '포키'는 돼지갈비를 올린 덮밥 '쭈파판'으로 유명하다. ©백종현

아침·점심 메뉴를 달리하는 것도 차찬텡의 특징이다. 보통 아침에는 수프·토스트·라면 따위를 팔고, 점심 이후 밥 종류가 차려진다.

홍콩섬 성완(上環)의 '포키'처럼 밥 요리로 이름 높은 차찬텡은 점심시간에 방문해야 한다. 포키가 자랑하는 메뉴는 덮밥 종류인 '쭈파판(豬排飯)'이다. 흰 밥 위에 돼지갈비와 계란프라이만 얹고 간장을 뿌려 비벼 먹는 간단한 음식으로, 육즙 가득한 돼지갈비가 계속 입맛을 당긴다. 짭조름하면서도 단맛이 도

돼지갈비 라면 '쭈파민'. 한국인 입맛에도 잘 맞는다. ©백종현

는 게 우리네 '돼지불백'과 비슷한데, 쭈파판이 좀 더 자극적이다.

점심시간 포키를 방문하는 직장인 대부분이 쭈파판을 주문한다. 하여 돼지 갈비 굽는 불향이 가게 밖 골목에서도 진동한다. 54HKD(약 9200원)다. 빵 속에 돼지갈비 넣은 '쭈파바오(豬排包)'도 점심에만 즐길 수 있는 포키의 시그니처 메뉴다. 가격은 36HKD(약 6100원)다. 가게가 좁아 테이블을 7~8개밖에 두지 않는다. 합석은 당연히 기본이고, 점심시간에는 30분 이상 줄을 서야 한다. 현금도 챙기시라. 홍콩 차찬텡 대부분이 신용카드를 받지 않는다.

For Kee Restaurant
포키 科記咖啡餐室

200 Hollywood Rd, Sheung Wan
쭈파판, 쭈파바오, 쭈파민

홍콩의 합석 문화

홍콩 식당에선 낯선 사람이 옆자리에 앉아도 놀라지 마실 것. 고급 식당은 예외지만, 차찬텡 · 다이파이동 같은 서민 식당에서 합석은 기본이다. "합석, 괜찮아요?" 같은 동의는 구하지 않는다. 식당 직원도, 손님도 자리가 나는 대로 앉히고 또 앉는다. 그게 홍콩 식당의 룰이다. 4인석 자리에 4명이 다 남남인 경우도 봤다.

합석 문화가 불편한 점이 있긴 하다. 놀리는 자리가 없다 보니 가방이나 짐이 있으면 메든지 무릎 위나 의자 밑에 두고 식사해야 한다. 캐리어를 끌고 식당을 찾았다가, 어쩔 줄 몰라 하는 한국인 관광객을 여러 번 목격했다. 의외로 편한 점도 많다. 무엇보다 회전율이 놀라울 정도로 빠르다. 아무리 긴 줄이 섰어도 30분 이상 기다리는 법이 없다. 한국에서 혼밥을 할 때는 눈치가 보여 피크타임을 피했는데, 홍콩에서는 고민할 필요가 없었다. 홍콩에서 처음 합석을 했을 때는 시선을 어디에 둬야 할지 몰라 고개를 처박고 밥만 먹었다. 'E(외향성)'의 사람은 그 와중에도 친구를 만들고, 여행 정보를 공유하기도 한다.

차찬텡처럼 테이블 수가 많지 않은 서민 식당은 합석이 기본이다. 사진 속 세 남자, 서로 싸워서 헤드폰 끼고 스마트폰을 응시하고 있는 게 아니다. 서로 전혀 모르는 남남이다. ©백종현

다이파이동 大牌檔

싱키

오이만상

레이디스 스트리트 식판 컴퍼니

비유키 록유엔

유엔힝

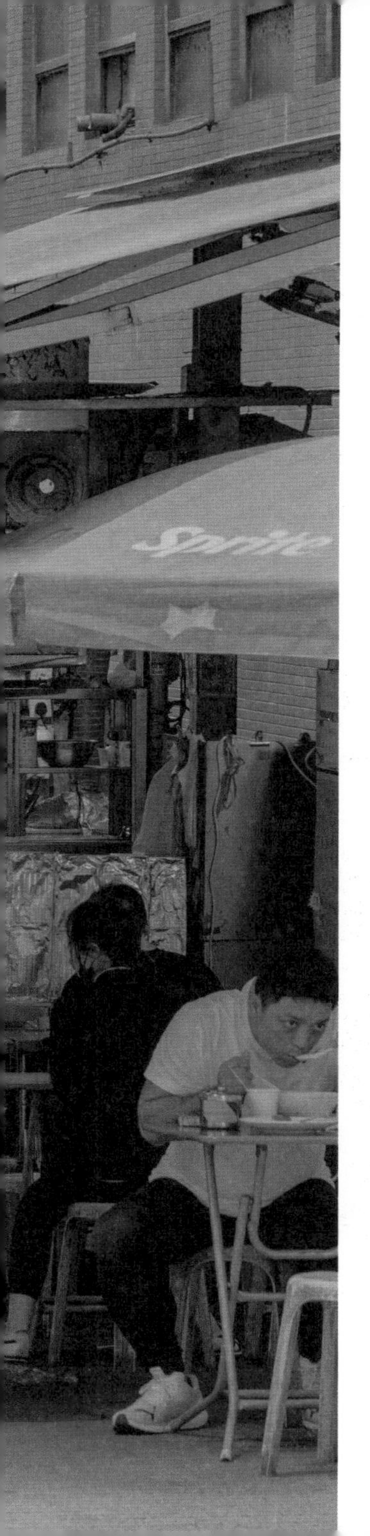

술과 음식을 파는 홍콩 포장마차

◆ Chimaek(치맥) ◆ Galbi(갈비) ◆ Kimbab(김밥) ◆ Mukbang(먹방) ◆ Samgyeopsal(삼겹살)

2021년 영국 옥스퍼드 영어사전(OED)에 새롭게 추가된 한국어 단어들이다. 지구촌 문화로 성장한 'K푸드'의 영향력을 단적으로 보여준다. 홍콩에서 파생한 영어 단어도 있다. 2016년 옥스퍼드 영어사전은 홍콩에서 두루 쓰이는 용어 13개를 일제히 올렸는데, 그중 6개가 아래의 음식 용어다.

◆ Char siu(叉燒 · 돼지고기 바비큐) ◆ Naicha(奶茶 · 홍콩식 밀크티) ◆ Siu mei(燒味 · 홍콩식 바비큐 요리) ◆ Yum cha(飮茶 · 차와 딤섬을 함께 즐기는 문화) ◆ Wet market(신선한 고기와 생선 · 농산물을 파는 시장) ◆ Daipai dong(大牌檔 · 홍콩식 포장마차)

옥스퍼드 사전에 오른 홍콩 음식 용어 중에 오늘의 주인공이 있다.

1956년 문을 연 다이파이동 '오이만상'. 주방이 차도까지 불쑥 튀어나와 있다. ©권혁재

홍콩식 포장마차 다이파이동. 그래, 맞다. 홍콩에도 포장마차가 있다. 저녁 시간, 노상에 자리 펴고 술과 음식을 파는 다이파이동은 우리네 포장마차와 쏙 닮았다. 다른 점도 있다. 한국 포장마차는 떡볶이·순대·닭똥집처럼 간단한 음식이 주를 이루지만, 홍콩 포장마차는 차림표가 더 복잡하고 화려하다. 볶음부터 구이·찜·조림까지 없는 게 없다.
홍콩 포장마차는 100년 전부터 법으로 관리되어 왔다. 홍콩 정부는 1921년 노점 허가제를 도입했는데, 이동형 노점과 구분하기 위해 고정식 노점에 상대적으로 큰 허가증을 부여했다. '큰 패(大牌)' 붙인 가게. 홍콩의 포장마차가 '다이파이동'으로 불리게 된 사연이다.

시방 다이파이동은 홍콩에서 일종의 추억을 의미한다. 1970년대 100개가 넘었다는 다이파이동이 2024년 현재 17곳밖에 남지 않았다. 홍콩 정부는 1972년 도시 미관과 통행 불편, 위생 등의 이유로 다이파이동 면허 발급을 중단했다. 제2차 세계대전이 끝난 뒤 전쟁 중 다친 군인이나 유가족에게 다이파이동 면허를 주기도 했지만, 오래전에 명맥이 끊겼다. 현재 영업 중인 다이파이동도 상속만 가능한 형태여서 앞으로 줄어들 일만 남았다. 하여 요즘 홍콩에서는 옛 노점 감성을 살린 실내 식당도 다이파이동이라고 부른다.

다이파이동에 대한 첫인상은 강렬했다. 야외 주방에서 담배 물고 웍을 돌리는 요리사, 웃통 반쯤 까고 음식 나르는 배불뚝이 아저씨, 인도(人道)를 버젓이 차지한 플라스틱 의자까지. 솔직히 처음에는 의자에 앉을 엄두도 안 났다. 그러나 음식을 한입 먹어보고선 의자를 당겨 앉았다. 그렇게 앉아 2시간을 먹고 마셨다. 행인의 시선 같은 건 잊은 지 오래였다. 싫든 좋든, 다이파이동은 홍콩의 음식 문화가 살아 꿈틀대는 현장이다. 당신이 을지로 골목의 노포 감성을 즐기시는 술꾼이라면 기꺼이 다이파이동을 추천한다.

싱키

022

홍콩의 힙지로

홍콩 다이파이동의 전형을 잘 보여주는 센트럴의 '싱키'. 야외에 자리한 전통식 다이파이동은 이제 홍콩에서도 17곳밖에 남지 않았다. ©백종현

골목 전체를 덮어버릴 듯 넓게 펼친 천막과 파라솔, 접이식 테이블과 플라스틱 의자, 산처럼 쌓인 얼음과 해산물, 웍을 잡은 '난닝구' 차림의 조리사, 골목 가득 자욱하게 퍼진 연기와 불향, 부지런히 돌아가는 대형 선풍기….

홍콩섬 센트럴에서 50년 넘게 자리를 지킨 '싱키'는 홍콩 사람이 '다이파이동' 하면 떠올릴 만한 조건을 거의 모두 갖춘 노포다. 화장실이 없는 것조차 전통을 지킨다.

길거리에서 러닝 차림의 조리사가 웍을 잡고 있는 모습. 홍콩에서는 익숙한 풍경이다. ©백종현

돼지갈비 튀김과 소고기 볶음 쌀국수. 어느 다이파이동을 가든 맛볼 수 있는 인기 메뉴다. ©백종현

제2차 세계대전 이후 홍콩 정부는 턱없이 부족한 국토를 늘리기 위해 대대적인 간척사업을 벌였다. 지금의 홍콩 국제공항과 홍콩 디즈니랜드 리조트, 서구룡 문화지구도 바다를 메워 얻은 영토다. 50층이 넘는 고층 빌딩이 줄지어 선 센트럴 중심가도 옛날에는 대부분이 바다였다. 해서 센트럴에는 항구 노동자와 선원을 상대로 하는 노점이 많았다. 싱키가 그중 하나였다. 홍콩에서 만난 맛 칼럼니스트 챙보홍에 따르면 "다이파이동에서 한 끼 밥값이 30센트(약 50원)밖에 안 하던 1950년대 이야기"다.

싱키는 오전 11시부터 오후 11시까지 문을 여는데, 오후 7시부터는 어김없이 만원이다. 넥타이 풀고 모여든 직장인이 플라스틱 의자 대부분을 차지한다. 싱키는 각종 해산물과 볶음 요리 전문 다이파이동으로, 메뉴 하나에 65~135HKD, 우리 돈으로 1만1000~2만3000원 정도를 받는다. 싱키에서 만난 한 홍콩인은 "맛있다기보다 예스러운 분위기가 좋아 자주 들른다"고 말했다. 왁자지껄 흥청거리는 길바닥 술판 풍경이 우리네 노가리 골목과 크게 다르지 않았다.

Sing Kee
싱키 盛記

63 Stanley St, Central
소고기 볶음 쌀국수, 돼지갈비 튀김

오이만상

023

길거리 화력쇼

←
'진진' 왕육성 사부가 불맛이 살아 있다고 감탄한 '오이만상'의 감자 소고기 볶음. 한 입 크기 소고기와 감자를 후추 양념 소스에 버무린 다음 센 불에 볶아낸다. ©권혁재

'웍헤이(鍋氣·불맛)'가 없으면 중화요리가 아니라는 말이 있다. 홍콩에서는 길거리에서도 '웍질' 하는 풍경이 익숙하다. 홍콩 포장마차 다이파이동의 맛도 불맛이 좌우한다.

삼수이포의 유명 다이파이동 '오이만상'. 인도를 한참이나 침범한 것도 모자라 차도까지 슬쩍 넘어온 주방에서 '불쇼'가 펼쳐진다. 1m 높이로 불이 치솟는 화구 앞에서 큼지막한 웍을 흔드는 요리사의 모습이 흡사 차력사 같다.

다이파이동은 규모가 작아도 화구를 2개는 갖춘다. 동시에 화구 2개를 쓰면서 3~4분 안에 2가지 이상 요리를 낼 줄 알아야 '거리의 주방장'이라 할 수 있단다. 오이만상을 찾은 한국인 요리사도 길거리 웍질이 흥미로운 눈치였다. '진진'의 왕육성 사부는 "요리사가 아니라 황야의 무법자 같다"고 감탄했고, 박찬일 셰프는 "얼마나 오래 웍을 잡았는지 저 센 불 앞에서도 자신만의 리듬이 살아 있다"며 놀라워했다.

오이만상은 한국에도 익히 알려진 맛집이다. 2018년 더본코리아 백종원 대표가 출연한 '스트리트 푸드 파이터(tvN)'에 소개되면서 한국인 관광객의 필

©권혁재

다이파이동의 요리사를 본 왕육성 사부는 "요리사가 아니라 황야의 무법자 같다"며 혀를 내둘렀다. ©권혁재

수 코스가 됐다. 백종원 대표가 "간장의 향기로움과 불맛이 살아 있다"며 "양념에 밥 비벼 먹고 싶다"고 소개한 '맛조개 볶음(豉椒炒蟶子王)'이 한국인 관광객의 최애 메뉴로 통한다. 오후 4시부터 11시까지 문을 여는데, 줄을 서지 않으려면 오후 6시 전에 가야 한다.

메뉴판에 포장마차 모양의 스티커로 시그니처 메뉴가 표시돼 있으니 참고하시라. 한국어로 된 추천 메뉴도 있다. 왕사부가 불맛 좋다고 추켜세운 메뉴는 '감자 소고기 볶음(黑椒薯仔牛柳粒)'이다. 한입 크기로 썬 소고기와 감자를 후추 양념 소스에 버무린 다음 센 불에 순식간에 볶았는데, 맥주를 추가 주문하지 않을 수 없었다.

Oi Man Sang

오이만상 愛文生

1A-1C Shek Kip Mei St, Sham Shui Po

맛조개 볶음, 감자 소고기 볶음

레이디스 스트리트 식판 컴퍼니

024

홍콩 MZ세대의 포차

옛날식 간판과 메뉴판, 테이블로 꾸민 '레이디스 스트리트 식판 컴퍼니'. 요즘 홍콩에는 실내 포차식 다이파이동이 늘고 있다. ©권혁재

튀긴 빵과 새우 위에 송로버섯을 올린 '하토시'. 홍콩에서는 '멘보샤'를 '하토시'라 부른다. 하(蝦)는 새우, 토시(多士)는 '토스트(toast)'의 음역이다. ©권혁재

야외에 자리한 전통식 다이파이동은 50년 내력이 기본인지라 열악한 환경을 감안해야 한다. '싱키'처럼 화장실이 없는 집도 있고, 불쾌한 냄새와 벌레를 견뎌야 하는 집도 있다. 다이파이동은 가보고 싶은데 불편하고 비위생적인 환경 때문에 망설여진다면 실내 다이파이동을 추천한다. 에어컨 바람 맞아가며 다이파이동 분위기를 즐길 수 있다. 홍콩의 실내 다이파이동도 한국의 실내 포차처럼 현대적인 감성으로 무장했다.

홍콩백끼가 추천하는 실내 다이파이동은 몽콕 야시장 맞은편의 '레이디스 스트리트 식판 컴퍼니'다. 내부를 가득 채운 옛날식 네온 사인, 둥그런 나무 테이블과 시뻘건 등(燈), 의도적으로 촌티 낸 메뉴판 등 구석구석이 레트로 소품으로 가득하다. 평일에도 1시간 이상 대기해야 할 정도로 인기가 높은데(구

'레이디스 스트리트 식판 컴퍼니'의 메뉴판. 그리고 대표 음식인 가리비찜과 맛조개 볶음. ©권혁재

글 맵에서 예약이 된다!), 손님 대부분이 20~30대 홍콩 젊은이다.

다이파이동에서는 조개·새우 같은 해산물 요리를 즐겨 먹는다. 마늘과 당면을 얹은 '가리비찜(蒜蓉粉絲蒸扇貝)' '맛조개 볶음(豉椒炒蟶子)' '고추·마늘 양념 게 볶음(避風塘炒蟹)'을 주문하면 대부분 실패하지 않는다. 레이디스 스트리트 식판 컴퍼니에서도 해산물 요리를 주문했는데, 중국식 새우 토스트 '멘보샤(84HKD·약 1만4000원)'가 나오자 왕육성 사부의 눈이 빛났다. 멘보샤는 왕사부의 '진진'에서 최고 인기 메뉴다. 이 집의 멘보샤는 진진과 달리 튀긴 빵과 새우 위에 송로버섯을 올렸다. 왕사부의 평을 옮긴다.

"멘보샤가 간단해 보여도 손이 많이 가는 음식이다. 샌드위치처럼 네모 반듯하게 만드는 건 그나마 그게 제일 손이 덜 가기 때문이다. 이 집은 하나하나 일일이 튀기고 모양을 꾸몄다. 얼마나 공이 들어갔겠나."

Ladies Street Sik Faan Co.
레이디스 스트리트 식판 컴퍼니 女人街食飯公司

1A-1L Tung Choi St, Mong Kok
멘보샤, 마늘 가리비찜, 양념 게 볶음

비유키 록유엔

025

홍콩 어르신의 소울 푸드

40년 전통의 다이파이동 '비유키 록유엔'. 염장 생선 같은 치우차우식 요리를 전문으로 낸다. ©백종현

홍콩의 다이파이동은 1980년대 정부 단속에 떠밀려 '거리'에서 '건물'로 무대를 옮겼다. 그때 다이파이동이 스며 들어간 자리가 상권이 비슷하고 임대료가 싼 시장권이다. 다이파이동 스타일의 식당이 전통시장 주변에 모여 있는 까닭이다.

날마다 야시장이 서는 몽콕 레이디스 스트리트 복판에 40년 전통의 실내 포장마차 '비유키 록유엔'이 있다. 비유키 록유엔은 이른바 '치우차우(潮州) 스타

'비유키 록유엔'의 음식들. 굴죽, 소금에 절인 숭어, 간장 베이스의 모둠 수육(돼지 삼겹살, 내장, 오징어, 오리발 등). ©백종현

일'의 음식으로 알려진 명소다. 치우차우는 광둥성 동쪽의 변방 지역이다. 바다와 큰 강을 끼고 있는데, 기후가 습하고 덥다. 하여 치우차우에서는 생선을 절인 음식이 발달했다. 비유키 록유엔의 음식이 치우차우 스타일이라는 건, 소금과 간장에 절인 생선과 해물 요리가 강하다는 뜻이다.

돼지 삼겹살과 내장, 오리발, 오징어 등을 간장에 재운 '모둠 수육(鹵水什拼盤)'과 '소금에 절인 숭어(潮州炊烏頭魚)'를 주문했다. 모둠 수육은 야들야들하고 짭조름한 것이 술안주로 제격이었다. 숭어는 조리라고 할 것도 없이 차갑게 염장된 상태로 상에 올라왔다. 소금을 며칠 뒤집어쓰고 있었다는 숭어살이 전혀 짜지 않았다. 우리의 보리굴비가 떠올랐다.

소금에 절인 생선은 값이 싸고 열량이 높아 과거 노동자 계층이 즐겨 먹었다. 요즘 세대는 관심이 덜하지만, 홍콩 어르신 사이에서는 추억의 음식이자 최고의 안주로 통한다. 홍콩의 여러 다이파이동을 드나들었는데, 비유키 록유엔만큼 손님 연령대가 높은 곳도 없었다. 소위 '초딩 입맛'에게는 비추천, '아재 입맛'이라면 도전해볼 만하다.

Biu Kee Lok Yuen
비유키 록유엔 標記樂園潮州粉麵餐廳

149 Fuk Wa St, Sham Shui Po
모둠 수육, 염장 숭어

유엔힝

026

잠을 잊은 그대에게

센트럴의 24시간 다이파이동 '유엔힝'에서 맛본 어향가지. 뚝배기 가득 음식이 담겨 나오는데 우리 돈으로 1만원이 안 된다. ©백종현

한국인, 특히 한국의 아재 기자에게 포장마차는 은인 같은 장소다. 술집이 하나둘 셔터를 내리는 어둑한 새벽에도 "딱 한 잔 더!"의 갈증을 채워주는 고마운 존재여서다. 하여 한국의 아재 기자는 홍콩 다이파이동 대부분이 오후 11시면 문을 닫는다는 진실을 알고서 측은지심을 느꼈다. 홍콩의 술꾼들은 딱하구나.

73층 높이의 '더 센터(센트럴에서도 살인적인 임대료로 악명 높다)' 아래 뒷골목의 '유엔힝'은 현지 통역 찰스가 콕 집어준 식당 겸 술집이다. 아침부터

'유엔힝'의 중화요리들. 사진 속 맥주가 홍콩에서 국민 맥주로 통하는 '블루 걸'이다. ©백종현

낮까지는 차찬텡처럼 차와 간단한 식사를 내다가 저녁에는 다이파이동 스타일의 술집으로 변신한다. 유엔힝의 가장 큰 특징이 있다. 홍콩에서는 이례적으로 24시간 영업한다. 유엔힝은 클럽에서 밤새 몸을 푼 청춘, 철야 근무 끝내고 술 한잔이 궁금한 회사원, 야식을 찾아 거리로 나선 홍콩인의 최후의 아지트다.

다이파이동은 보통 가성비가 좋지만, 유엔힝은 가성비가 특히 더 좋다. 메뉴판에 적힌 음식이 100개가 넘는데, 마파두부·양주볶음밥(揚州炒飯)·어향가지(魚香茄子) 등 메뉴 대부분이 50HKD(약 8500원)를 넘기지 않는다. 양도 푸짐하다. 질보다 양으로 승부하는 우리네 대학가 술집 같다.

홍콩에서는 '다이파이동=맥주'가 소위 '국룰'이다. 볶고 튀겨 기름진 음식이 대부분인 데다 더운 날씨의 영향 때문이다. 술 얘기가 나온 김에 덧붙이면, '블루 걸(Blue Girl)'이라는 아리따운 이름의 맥주가 홍콩의 국민 맥주로 통한다. 한국 오비맥주가 1988년부터 제조하는 브랜드로, 2007년부터 16년 연속 판매량 1위를 찍었단다.

Yuen Hing Restaurant
유엔힝 源興

36 Gilman's Bazaar, Central
마파두부, 양주볶음밥, 어향가지

뚱뚱한 여자, 멋진 남자…
홍콩 식당의 암호 같은 음식 이름

9T, C9T, 7, 非, 冬非.

한 다이파이동에서 결제하고 받은 간이 영수증에 저 정체불명의 기호가 적혀 있었다. 이 무슨 암호란 말인가. 9T는 뭐고, C9T는 또 뭔가. 나는 도대체 뭘 먹고 나온 것인가. 혹시나 해서 다른 영수증도 확인했다. 미처 몰랐는데, 저런 기호가 꽤 자주 보였다.

나중에 알고 봤더니 저 암호들은 차찬텡이나 다이파이동의 식당 종업원이 사용하는 '그들만의 언어'였다. 과거 홍콩의 서민 식당에는 교육 수준이 낮고 영어에 서툰 어르신이 값싼 임금에 고용되는 경우가 많이 있었단다. 복잡한 음식 이름을 쉽고 간결한 표현으로 대체해 부르던 그들의 문화가 그대로 굳어져 지금까지 쓰이는 것이란다.

이를테면 '6(六)'은 '콜라(可樂)'를 가리킨다. '콜라'를 음차 표기한 '可樂(허럭)'과 '六(록)'의 발음이 비슷해 이렇게 표기한다. '7(七)'은 '세븐 업' 즉 사이다를 가리킨다. '커피(咖啡)'는 '非'로 간추려 표기한다. 홍콩식 밀크티 '나이차'는 발음이 비슷한 '9T'로 표현한다. '흰 밥'은 곱고 흰 것이 미남처럼 보인다 하여 '靚仔(멋진 남자)'로, '초콜릿'은 비만을 부르는 먹거리라 하여 '肥妹(뚱뚱한 여자)'라 부른다. 여행자가 애써 외워둘 필요까지는 없겠으나, 이 또한 홍콩의 흥미로운 음식 문화여서 몇 가지를 소개한다. 우리가 '비빔냉면'을 '비냉' 정도로 줄이는 수준과는 차원이 다르다.

홍콩 식당 종업원만 아는 암호

6	콜라
7	세븐 업(사이다)
8	환타
106	아이스 레몬 콜라
9T	나이차(홍콩식 밀크티)
C9T	아이스 나이차
非	커피
冬非	아이스 커피(凍咖啡)
央	윤영
冬央	아이스 윤영(凍鴛鴦)
大青	칭다오 맥주(青島啤酒)
肥妹 (뚱뚱한 여자)	초콜릿
靚仔 (멋진 남자)	흰 밥
靚女 (예쁜 여자)	죽

홍콩 식당에서 자주 쓰는 광둥어

다이파이동 같은 서민 식당에서 영어는 거의 통하지 않는다. 스마트폰의 번역 앱을 이용해도 되겠으나, 간단한 인삿말과 생존 광둥어 몇 개는 외워두고 써먹어 보시라.

기초 어휘

쒀이	水	물
띱	碟	접시
마이딴	埋單	계산서
지깐	紙巾	휴지
치깡	匙羹	숟가락
얏, 이, 삼, 쎄이, 음, 록, 찻, 빳, 가우		1, 2, 3, 4, 5, 6, 7, 8, 9
삽, 빡, 친		10, 100, 1000

생활 용어 입문편

하이	是	맞아요
음하이	不是	아니에요
호우아	好啊	좋아요
음호우아	唔好啊	싫어요
음오우시이	唔好意思	미안합니다(실례합니다)
네이호우	你好	안녕하세요
빠이빠이	拜拜	안녕히 가세요

생활 용어 응용편

음꼬이	唔該	감사합니다, 실례합니다
또제	多谢	감사합니다 (돈·선물을 받았거나 칭찬을 들었을 때)
	예문 : 택시에서 내릴 땐 '음꼬이', 누가 밥을 사면 '또제'	
자우 OO	走OO	OO 빼주세요
	예문 : 자우 임싸이(走芫茜) : 고수 빼주세요	
OO 음꼬이	OO唔該	OO 부탁해요, OO 주세요
	예문 : 옝만 찬 파이 음꼬이(英文餐牌唔該) : 영문 메뉴판 주세요	

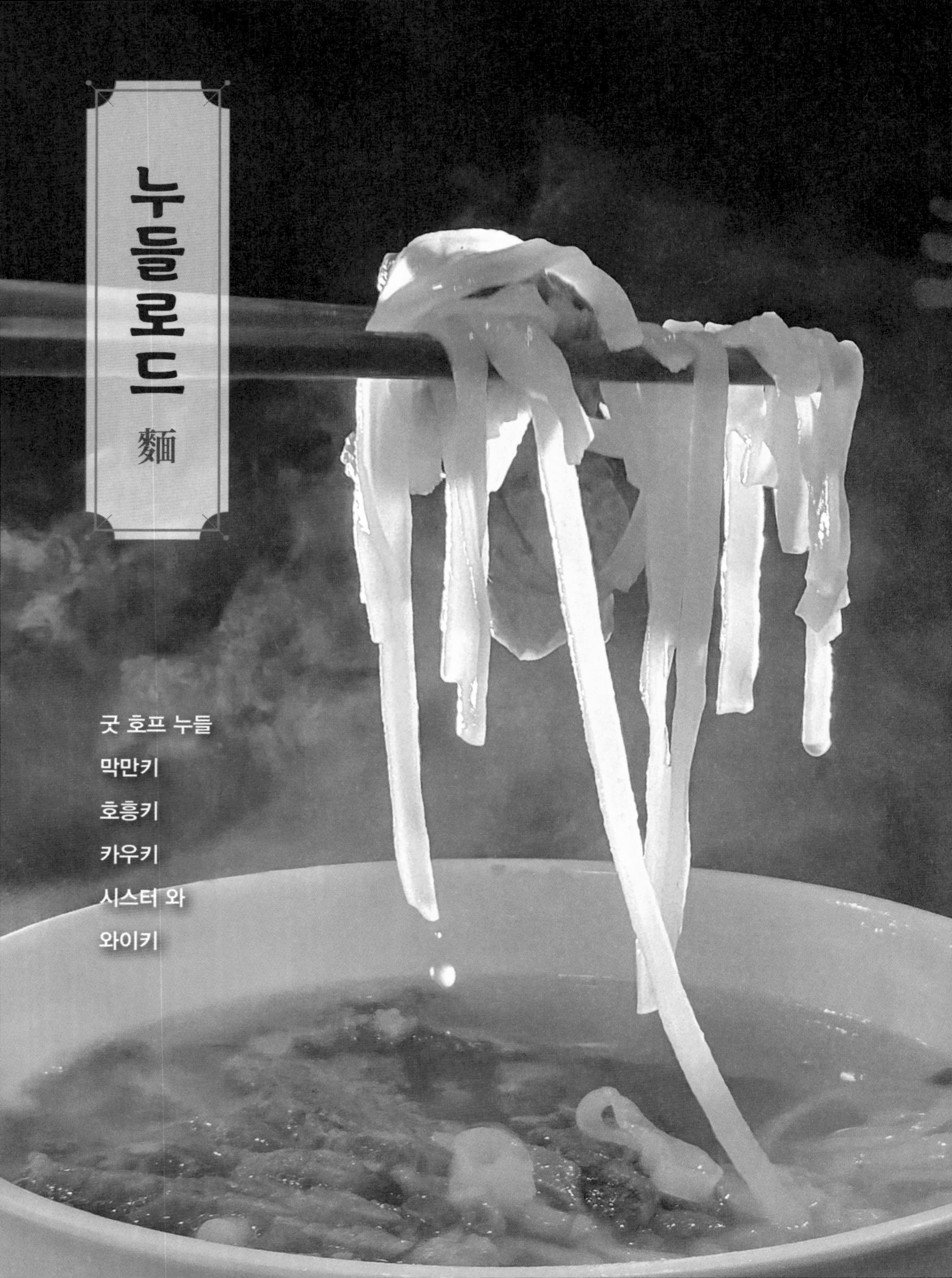

누들로드 麵

굿 호프 누들
막만키
호흥키
카우키
시스터 와
와이키

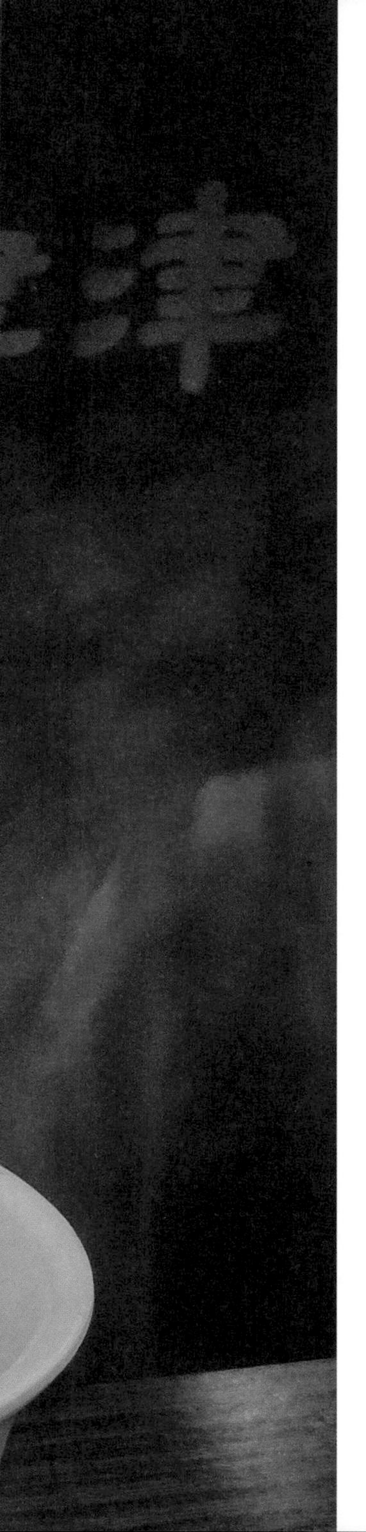

차원이 다른
홍콩의 면 요리

한국에도 '면부심(면에 관한 자부심)' 충만한 '면 중독자'가 줄을 서지만, 밥상에서 국수가 밥을 이기는 경우는 드물다. 홍콩의 면부심은 클래스가 다르다. 혹시 아시는지. 홍콩 국숫집에서 주문할 때 내가 원하는 면을 고를 수 있다는 사실을. 주는 대로 먹기만 했던 한국에선 상상도 못할 경지다.

홍콩의 차원 다른 면 요리 앞에서 한국 아재의 면부심은 보기 좋게 나가떨어졌다. 판판이 깨졌던 기록을 차례로 열거한다. 제일 먼저 '완탄민(雲吞麵 · 완탕면)'. 홍콩 완탄민은 한국 완탕면과 전혀 다른 음식이었다. 면부터, 아니 면을 만드는 재료부터 달랐다. 완탄민은 '딴민(蛋麵)'을 쓴다. 딴민, 오리알을 넣어 반죽한 국수다. 그래야 면발의 고들고들함이 산다고 한다. 홍콩 완탄민은 약간의 과장을 더하면 고무처럼 질겼다. 잘근잘근 씹어야 겨우 넘길 수 있었다. "홍콩에서 넘어온 비법을 썼다"던 서울의 완탕면은 하나같이 술술 넘어갔었다. 여태 속고 살았던, 아니 속고 먹었던 세월이

억울해 '원조 완탕면'을 원 없이 먹고 다녔다.

홍콩 완탄민은 만두, 그러니까 완탄(새우교자)도 한국의 완탕과 달랐다. 거짓말 하나도 안 보태고 두부처럼 보드라웠다. 단단한 국수를 꼭꼭 씹어 넘기다가 입 안에서 야들야들한 완탄을 만났던 순간을, 그 충격 같았던 식감을 기억한다. 그때 비로소 이해했다. 기껏해야 만두 따위에 '구름(雲)을 삼키다(呑)'라는 뜻의 거창한 이름 '완탄(雲呑)'을 바친 이유를. 박찬일 셰프는 한술 더 떴다. 한 줄 평을 부탁하자 당나라 시인이라도 된 양 시를 지었다. "완탄의 얇은 피가 어린 새의 날개처럼 부드럽구나."

'우육면(牛肉麵)'도 우리가 아는 그 우육면이 아니었다. 홍콩 우육면은 무엇보다 이름이 달랐다. '牛肉麵'이 아니라 '牛腩麵'이었다. 광둥어로는 '아우람민'. 왜 이름이 다를까. 우육면에 들어가는 고기가 달라서다. 홍콩에서는 소고기 부위 중에서도 양지(腩)를 주재료로 쓴다. 홍콩 우육면은 '소고기 국수'가 아니라 '소 양지 국수'다.

홍콩 사람도 라면 없이는 못 산다. 우리에게 라면은 밤마다 시험에 들게 하는 공포의 야식거리지만, 홍콩에서는 아침에 더 자주 먹는다. 홍콩의 서민 식당 차찬텡에서 제일 흔한 메뉴 중 하나가 라면, 즉 '공짜이민'이다. 홍콩 라면은 차라리 화려하다. 토마토를 넣은 라면 '판케아민', 돼지갈비 덩어리를 얹은 라면 '쭈파민' 등 한국에선 상상도 못한 라면이 허다하다. 돼지 간 라면 '쭈연민(豬潤麵)'도 있다. 맞다, 모둠순대 시키면 나오는 삶은 돼지 간. 그 돼지 간을 라면에 얹어 먹는다.

이상이 홍콩에서 참패한 국수 대첩 결과다. 완탄민·우육면·라면 모두 한국인에게 뻔한 음식이라지만, 홍콩 스타일은 달라도 너무 달랐다.

홍콩 면 종류

딴민(蛋麵)

오리알을 가미한 밀면

허펀(河粉)

넓적한 쌀면

라이판(瀨粉)

타피오카 전분을 섞은 쌀면

초우민(粗麵)

굵은 밀면

이민(伊麵)

계란 가미한 노란 면.
이탈리아면에서 유래

공짜이민(公仔麵)

튀긴 면

굿 호프 누들

027

손맛? 아니 엉덩이로 치댄 맛

'굿 호프 누들'의 완탄민. 대나무로 반죽하는 '쭉생민'을 고수하는 국숫집으로 유명하다. ©백종현

“뭐야, 면이 안 익었잖아.”

홍콩에서 완탄민을 처음 맛본 한국인의 반응은 대개 저런 식이다. 모름지기 국수란 굳이 이빨을 동원할 필요 없이 술술 넘어가야 하는 법. 그러나 완탄민 면발은 고들고들하다 못해 꼬들꼬들하다. 아니 고무줄처럼 질기다.

한국의 음식 전문가 사이에서도 완탄민에 대한 호불호는 갈린다. 백종원 대표는 “고무줄 씹는 것처럼 우그적우그적거리는데, 이게 엄청난 매력”이라고 옹호하는 축이고, 왕육성 사부는 “내 입맛에는 면이 너무 푸석푸석하다”며 사양하는 편이다.

앞서 설명했듯이, 완탄민의 독특한 식감은 딴민, 그러니까 밀가루 반죽에 계란이나 오리알을 넣어 뽑은 면에서 비롯됐다. 딴민은 원래 대나무로 반죽했다. 하여 ‘쪽생민(竹升面)’이라 불렀다. 쪽생민은 2~3m 길이의 대나무 봉에 올라탄 뒤 수없이 반동을 줘 봉 아래 반죽을 치대 만드는 면을 말한다. 반죽을 빚는 꼴이 시소를 타는 것 같기도 하고, 곡예를 하는 것 같기도 하다. 달인의

'굿 호프 누들'은 외부 공장에서 '쪽생민'을 공수해 사용한다. ©백종현

'완탄민'을 즐기는 홍콩의 청춘들. ©백종현

경지가 느껴진다 싶었는데, 알고 보니 쪽생민 빚는 기술이 홍콩의 무형 문화 유산이었다.

'쪽생민' 하면 떠오르는 국숫집이 있다. 구룡반도 몽콕의 '굿 호프 누들'이다. 2018년 백종원 대표가 출연한 '스트리트 푸드 파이터(tvN)'에서 대나무에 걸터앉아 면을 반죽하는 장면이 소개된 뒤로 한국에도 꽤 알려졌다.

지금은 굿 호프 누들에 가도 대나무로 반죽하는 모습을 볼 수 없다. 최근 대나무 반죽 시설을 가게에서 뺐단다. 진즉부터 여러 완탄민집이 대나무 대신에 기계를 쓰고 있었는데, 이 집도 전통을 내려놓은 듯 보였다. 이방인의 허탈한 표정을 봤는지, 식당 매니저가 다가와 "식당 외부 공장에서 쪽생민을 만들어 가져온다"고 친절히 알려줬다. 그 말이 사실이었을까. 완탄민 면발이 확실히 더 단단한 것 같았다. 완탄민 한 그릇에 43HKD, 약 7400원 선이다.

Good Hope Noodle
굿 호프 누들 好旺角粥麵專家

123 Sai Yee St, Mong Kok
완탄민

막만키

028

'완잘알'이 추천한 완탄민 명가

우리의 평양냉면처럼 홍콩에는 대를 이은 국숫집이 수두룩하다. 홍콩의 국수 명가 중에서 가장 이름난 집안이 막(麥)씨 가문이다. 막씨 집안의 국숫집은 1920년대 광저우에서 처음 열었고, 제2차 세계대전이 끝난 뒤에는 홍콩 곳곳에 진출했다. 조던역 인근의 '막만키'도 그중 하나다. 2024년 현재 막씨 집안이 66년째 국수를 빚고 있다.

막만키는 홍콩의 맛 칼럼니스트 챙보홍 선생이 추천해 준 가게다. 홍콩 음식의 전통을 지키면서도 한국에 덜 알려진 맛집을 알려달라고 하자 콕 집어준 한 곳이다. 챙보홍 선생은 "전통식 쭉생민을 고수하는 집이라 면이 단단하고, 합성 첨가물도 거의 사용하지 않아 속이 부대끼는 경우가 없다"고 설명했다.

홍콩 사람은 단단한 면에 왜 이리도 집착하는 걸까. 챙 선생은 "홍콩이 워낙 습해 국수를 만들면 금세 퍼졌고, 푹 퍼진 국수만 먹다 보니 반대 급부로 꼬들꼬들한 면을 찾게 됐다"고 말했다. 홍콩 국숫집은 대부분 완탄민을 낼 때 그릇에 만두를 먼저 깐 다음 그 위에 면을 올리고 자박할 정도로만 국물을 붓는다. 나중에 보니, 면발에 물기가 적게 스미게 해 단단한 맛을 유지하려는 노

'막만키'의 '완탄민'. 육수는 면이 살짝 잠길 정도로만 자박하게 담아서 준다. 면발을 꼬들꼬들하게 유지하기 위해서다. ©백종현

하우였다.

막만키는 매일 1000그릇 가까운 완탄민(45HKD·7900원)을 판다. 새우, 돼지 뼈, 가자미, 중국식 절인 햄 등을 솥에 넣고 7시간 이상 고아 육수를 만든다. 완탄 대신 족발을 올린 '남유쭈사우민(南乳豬手麵)'도 잘 나간다. 47HKD(약 8200원).

완탄민을 홍콩 사람처럼 먹는 방법이 있다. 식탁에 놓인 고추기름·식초·간장을 적절히 활용하면 된다. 완탄민이 나오면 처음에는 그냥 먹다가 중간쯤 간을 해보시라. 랏찌야우를 첨가하는 순간, 감칠맛이 확 돈다. 장국영(張國榮·레슬리 청) 단골집이었던 '침차이키'에서 추천받은 비율이 있다. 일명 '하나 하나 하나'. 고추기름 한 스푼 붓고, 식초 한 바퀴, 간장 한 바퀴를 빙 두른 뒤 먹는 방식이다. 막만키에서도 효과가 탁월했다.

Mak Man Kee Noodle Shop
막만키 文記麵家

51 Parkes St, Jordan
완탄민, 남유쭈사우민

'완탄' 대신 족발을 올린 '남유쭈사우민'. 한 그릇에 47HKD이다. ©백종현

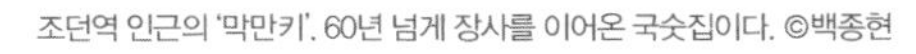

조던역 인근의 '막만키'. 60년 넘게 장사를 이어온 국숫집이다. ©백종현

호흥키

029

미쉐린이 반한 완탄민

미쉐린 1스타에 빛나는 '완탄민' 전문점 '호흥키'. 2009년부터 미쉐린 1스타를 유지하고 있다. ©백종현

코즈웨이베이의 '호흥키'는 미쉐린 별을 받은 완탄민집이다. 2009년 처음 별을 달았고, 이후 16년 연속 미쉐린 1스타를 유지하고 있다. 완탄민 한 그릇에 50HKD(약 8600원). 1만원도 안 하는 국수로도 미쉐린 별을 받다니. 처음에는 놀랐었는데, 홍콩에 1만원 이하로 즐길 수 있는 미쉐린 레스토랑이 더 있다는 걸 알고 놀란 가슴을 진정시켰다.

'미쉐린 가이드'의 평을 옮긴다. "호흥키를 빼놓고 홍콩의 국수 역사를 논할 수 없다." 호흥키가 홍콩 국수 역사를 대변한다고? 사실이다. 호흥키는 1946년 홍콩섬 완차이 노점으로 시작했다. 현재 2대째 가업을 이어오고 있다.

'미쉐린 가이드'가 간택한 완탄민(67HKD · 약 1만1700원)이라고 특별한 재

오픈 키친 형태여서 '완탄'을 빚고, 국수를 말아 내는 모습도 엿볼 수 있다. ©백종현

'완탄민'과 함께 '호흥키'의 대표 메뉴로 꼽히는 게 광둥식 죽 요리 콘지다. ©백종현

'호흥키' 코즈웨이베이 지점 입구의 모습. ©백종현

료가 들어간 건 아니다. 그저 새우만두 완탄과 말간 육수, 누런 면이 전부다. 숨은 비결이 있나 싶어 주방을 엿봤다. “완탄은 모양이랄 것도 없다. 만두피에 새우 올리고 주먹을 쥐었다 펴면 뚝딱 나온다”는 왕육성 사부의 말 그대로였다. 주방장이 주먹을 쥐었다 펼 때마다 완탄이 하나씩 완성됐다.

완탄은 다진 돼지고기와 새우가 꽉 들어차 담백하면서 고소했다. 완탄피가 어찌나 얇고 보드라운지, 완탄이 미끄러지듯 입안으로 빨려 들어갔다. 완탄민과 함께 호흥키의 대표 메뉴로 꼽히는 게 광둥식 죽 요리 콘지다. ‘페이딴(皮蛋·삭힌 오리알)’과 돼지 간을 올린 ‘콘지(80HKD·약 1만4000원)’도 먹고 나왔다. 미쉐린 레스토랑을 경험했다기보다 동네 밥집에서 든든히 한 끼 해결했다는 기분이었다.

Ho Hung Kee
호흥키 何洪記粥麵專家

2F, Hysan Place, 500 Hennessy Rd, Causeway Bay
완탄민, 콘지

카우키

030

옆 골목까지 줄 서는 백년 명가

←
'카우키'는 정오부터 오후 10시30분까지 문을 연다. 오전 11시면 긴 줄이 늘어서기 시작한다. ©백종현

소 양지머리를 올린 '아우람민'. 홍콩식 우육면 명가 '카우키'의 대표 메뉴다. ©백종현

이번엔 우육면 차례다. '홍콩식 우육면' 아우람민 식당 중에서 첫손으로 꼽히는 집이 셩완의 '카우키'다. 카우키도 100년 역사를 헤아리는 노포다. 가장 전통적인 맛의 홍콩 우육면을 내는 집으로 통한다.

홍콩식 우육면은 가장 질긴 소고기 부위인 양지를 주로 사용한다. 카우키도 양지를 고집하는데, 15가지 약재를 넣고 8시간 넘게 삶아서 쓴다. 하여 양지를 쓰는데도 고기가 매우 부드럽다. 육수는 광둥요리에서 많이 쓰는 '셩텅(上湯)'을 기본으로 한다. 늙은 암탉, '훠투이(火腿·소시지)', 돼지 뼈, 생강 등을 넣고 푹 우려낸 육수다. 국물이 매우 진하고 무겁다.

카우키의 우육면은 크게 두 종류로 나뉜다. 일반 아우람민과 카레가 들어간 '까레이아우람민(咖喱牛腩麵)'. 여기에서 어떤 면과 어떤 토핑을 선택하느냐에 따라 메뉴가 다시 30여 개로 갈린다. 잠깐, 면을 고를 수 있다고? 한국 국숫집에선 주는 대로 먹어야 하지만, 홍콩에선 손님이 면을 선택할 수 있다. 카우키는 쌀가루로 만든 '허펀(河粉)'을 비롯해 네 종류의 면을 제공한다.

메뉴가 30가지가 넘는다고 고민할 필요는 없다. 카우키는 메뉴판에 한국어를 적어뒀다. 비슷비슷한 이름이 많아 헷갈릴 수도 있는데, 그때는 메뉴 옆의 번호를 보고 주문하면 된다. 가령 3번은 '쌀국수 아우람민'이고, 15번은 '도가니 토핑을 추가한 까레이아우람민'이다. 두 메뉴 모두 70HKD(약 1만 2100원). 면 없이 고기만 담은 1번 '스페셜 탕 메뉴(上湯牛爽腩)'는 한 그릇에 230HKD(약 4만원)나 한다.

카우키는 홍콩에서 점심시간 가장 붐비는 식당으로 악명 높다. 정오부터 오후 10시 반까지 문을 여는데, 보통 오픈 1시간 전부터 줄을 서기 시작해 가게를 열 때면 옆 골목 계단까지 줄이 늘어난다. 줄 서는 시간이 아까우면 오후 4시에서 6시 사이를 공략할 것을 권한다.

Kau Kee
카우키 九記牛腩

21 Gough St, Central
아우람민, 까레이아우람민

시스터 와

031

홍콩 로컬의 선택

3대를 이어오는 '시스터 와'는 카우키와 함께 홍콩 우육면의 쌍두마차로 통하는 명소다. 코즈웨이베이 틴하우(天后)역 인근에 있는데, 문을 여는 오전 11시부터 오후 10시45분까지 한시의 여유 없이 만석으로 돌아간다. 테이블이 7개가 전부여서 40명밖에 못 앉지만, 합석이 기본이라 자리가 금방 난다.

앞서 소개한 카우키는 유명세에 시달리는 맛집이다. 외국인 관광객 비중이 너무 높아 현지인이 오히려 찬밥 취급을 당한다. 카우키 손님 중 80% 이상이 외지인인데, 외지인 손님의 절반 이상이 중국 관광객이다. 시스터 와는 정반대다. 현지인 비중이 압도적으로 높은, 그야말로 '찐 로컬 식당'이다. 맛에서도 분명한 차이가 있다. 카우키는 고기와 뼈, 약재 따위를 진액이 빠질 때까지 푹 고와 국물이 진하고 기름기도 많다. 반면에 시스터 와는 국물이 맑고 가볍다. 카우키의 국수가 진한 사골국이면, 시스터 와의 국수는 맑은 곰탕이다. 왕육성 사부는 시스터 와의 맑은 국물이 그렇게 좋았나 보다. 아래에 왕사부의 감상평을 옮긴다.

'시스터 와'의 '아우람민'. 육수용으로 푹 삶은 무를 한 그릇 가득 내는 '러박'도 꼭 맛봐야 할 메뉴다. ©권혁재

'진진' 왕육성 사부는 '시스터 와'의 '아우람민'을 소고기뭇국에 비유하며 "한국인이라면 절대 싫어할 수 없는 맛"이라고 극찬했다. ©권혁재

"홍콩 음식이 입에 안 맞아 여행 내내 고생한 친구에게 마지막 순간 데려오고 싶은 집이다. 소고기뭇국처럼 시원해서, 한국인도 호불호 없이 즐길 수 있다. 홍콩에 와서 유일하게 김치 생각이 난 가게다."

시스터 와는 2014년부터 매년 '미쉐린 가이드 빕 구르망'에 이름을 올리고 있다. '미쉐린 가이드'는 시스터 와를 다음과 같이 소개했다. '매일 100㎏이 넘는 신선한 소고기와 10가지 이상의 비밀스러운 향신료를 곁들여 맑은 육수를 낸다.'

시스터 와에는 아우람민(70HKD · 약 1만2100원)을 먹을 때 꼭 곁들이는 음식이 있다. '러박(蘿白 · 한글 차림표에는 '무찜'으로 돼 있다)'이라는 메뉴로, 쉽게 말해 삶은 무다. 우육면 육수를 낼 때 같이 삶았던 무를 한 그릇 담아서 주는데, 이게 요물이다. 첫 입에는 심심한 듯하지만 씹을수록 감칠맛이 올라온다. 20HKD(약 3500원).

Sister Wah Beef Brisket
시스터 와 華姐清湯腩

13 Electric Rd, Causeway Bay
아우람민, 러박

와이키

032

반전의 돼지 간 라면

돼지 간 라면 '쭈연민'. 라면에 삶은 돼지 간을 올린다. 삶은 돼지 간이 하나도 퍽퍽하지 않다. 외려 부드럽다. ©백종현

이제 홍콩 라면을 맛볼 차례다. 우리도 시장 할머니가 끓여주는 라면을 높이 치듯이, 홍콩도 구도심 낡은 노포에서 맛보는 라면을 빠뜨릴 수 없다.

'홍콩의 강북'으로 통하는 삼수이포는 구룡반도에서 가장 서민적인 분위기의 동네다. 최근 들어 고층 아파트와 젊은 감각의 카페가 많이 들어섰다지만, 예스러운 전통시장과 웻마켓, 대를 이어오는 노포가 여전히 성업 중이다. 그

삼수이포의 '와이키'. 백종원 대표의 20년 단골집으로 알려지며 한국에서도 유명 맛집이 됐다. ©백종현

노포들 중에 1957년부터 장사를 해 온 차찬텡 '와이키'가 있다.

와이키는 시그니처 메뉴가 라면이다. 2023년 백종원 대표가 유튜브 채널에서 20년 단골집이라고 소개하면서 한국 손님이 부쩍 늘었다. 백종원 대표가 홍콩에 올 때마다 주구장창 먹었다고 고백한 라면이 돼지 간 라면 '쭈연민'이다. 라면에 얇게 썬 삶은 돼지 간을 올렸는데, 식욕을 돋우는 생김새는 아니다. 홍콩에서도 호불호가 꽤 갈리는 음식이란다.

현지 통역 찰스가 "먹기 어려울 것 같으면 소고기·햄·계란·소시지를 추가해 먹는 방법도 있다"고 조언했지만, 호기를 부려 돼지 간만 들어간 라면을 골랐다. 가격은 37HKD(약 6400원) 정도다. 아니나 다를까, 비주얼은 불호에 가까웠다. 왜 이런 걸 먹지 싶었다.

맛은 반전 자체였다. 한국에서 순대에 딸려 나오는 돼지 간은 퍽퍽해서 먹기 힘들었는데, 쭈연민의 돼지 간은 선도 높은 선지처럼 부드러웠다. 백종원 대표 말마따나 생간을 바로 익힌 게 분명했다. 한국에 돌아와서도 와이키의 돼지 간이 한동안 생각났다.

Wai Kee
와이키 維記咖啡粉麵

62&66 Fuk Wing St, Sham Shui Po
돼지 간 라면, 프렌치 토스트

홍콩 마트 털이 필수템

해외여행에서 빠뜨릴 수 없는 재미. 바로 편의점 털이다. 홍콩 편의점과 마트의 인기 상품, 선물로 사 오기 좋은 물건, 홍콩에서 꼭 사야 할 쇼핑 목록을 정리했다. 사진과 함께 확인하시라.

포차이필	템포	거북이 젤리
홍콩의 국민 소화제. 128년 역사를 자랑한다. 약국은 기본이고 편의점에서도 판다. 감기·발열·두통·화상에도 효과가 있다고 한다.	홍콩 미식 여행의 기본템. 홍콩에는 의외로 휴지가 없는 식당이 많다. 포켓 형태인 'TEMPO'가 휴대하기에 편하다.	거북이 등딱지에 약재 넣고 달인 젤리. 수퍼마켓에서도 거북이 젤리를 파는 도시가 홍콩이다.
블루 걸	**라면**	**레몬티**
홍콩에서 16년 연속 점유율 1위를 질주 중인 맥주. OB맥주가 만든다.	오리 선지 넣은 인스턴트 쌀국수도 있다.	홍콩 편의점의 베스트셀러 음료. 정식 이름은 '비타소이 레몬티'로 'VLT' 로고를 확인하면 된다.

윤영 밀크티에 커피를 섞은 홍콩의 대표 음료. PET·캔·팩 등 형태도 다양하다. 분말 상품은 가벼운 선물용으로 좋다.

밥과 죽 Congee

상키

로푸키

치우록유엔

찹찹

힝키

홍콩의 아침을 여는 음식

“밥은 먹고 다니냐?”

요즘처럼 잘 먹고 잘사는 세상에도 자식 끼니부터 챙기는 게 부모 마음이다. 한국 엄마만 그러는 게 아니다. 홍콩 엄마도 습관처럼 묻는다. “밥은 먹었냐?” 광둥어로는 “레이색쩌판메이아(你食咗飯未呀).” 삼시 세끼 밖에서 사먹는 홍콩인데, 오죽할까 싶다.

홍콩 사람도 밥심으로 산다. ‘홍콩 음식’ 하면 국수와 딤섬부터 떠오르지만, 쌀로 빚는 음식도 라인업이 화려하다. 이를테면 죽(粥). 홍콩의 아침을 여는 음식이 죽, 바로 ‘콘지(Congee)’다. 홍콩에서는 아플 때만 죽을 뜨지 않는다. 밥처럼 끼니로, 특히 아침으로 죽을 찾아 먹는다. 홍콩 죽집 대부분이 오전 7시 전에 문을 여는 이유도 출근길의 직장인을 상대로 한 아침 장사를 위해서다. 죽 따위로 아침이 되겠느냐고? 홍콩 사람은 죽에 생선, 소고기, 돼지 간, 빵 등 온갖 것을 더해 먹는다. 홍콩에서 죽은 어엿한 요리다.

원래 밥은 요리로 안 쳐준다. 근데 밥에 뭘 얹으면, 그러니까 덮밥이면 얘기가 달라진다. 홍콩에 유명한 덮밥 요리가 있다. '씨우메이판(燒味飯)'. 바비큐 요리 '씨우메이(燒味)'를 덮은 밥이니 바비큐 덮밥이다. 밥에 어떤 바비큐를 얹느냐에 따라 씨우메이판은 종류가 수십 개로 분화한다. 홍콩 거리를 거닐다가 구운 거위·오리·닭 따위가 통째 내걸린 장면을 본 적이 있으실 게다. 주렁주렁 매달린 그것들이 다 밥에 얹혀서 나온다.

홍콩은 덥고 습해 예부터 씨우메이 요리가 발달했다. 재료가 무엇이든 양념 재우고 구우면 쉽게 상하지 않아서다. 씨우메이는 큰 화로를 갖춰야 만들 수 있는 요리다. 고기 손질하고 양념하고 '이븐하게' 굽는 고단한 과정도 거쳐야 한다. 흥미로운 건, 홍콩의 대표 슬로푸드가 덮밥집에서 패스트푸드인 양 소비되는 현상이다. 홍콩 덮밥집들은 씨우메이를 미리 만들어 놨다가 주문이 들어오면 밥에 얹어서 바로 낸다. 박찬일 셰프도 이 대목을 눈여겨봤다.

"홍콩의 육가공 요리는 홍콩의 사회문화적 현실과 맞물려 특색을 보여준다. 약한 불로 오래 요리해야 하는 전형적인 슬로푸드인 씨우메이는 결과적으로 이미 조리된 것을 썰어서 제공하기만 하면 됐으므로 홍콩다운 패스트푸드의 상징이 됐다. 씨우메이는 밥에 올려서 재빨리 먹을 수 있게 곧바로 제공하거나 포장해 파는 방식으로 진화해 왔다. 이런 제공법은 어떻게 보면 패티를 구워야 하는 햄버거보다 훨씬 더 빠른 속도를 자랑한다. 나는 홍콩에서 이런 씨우메이로 내는 간편식을 즐겨 먹는다. 스티로폼 그릇에 밥을 푸고, 원하는 고기를 썰어서 담아내는 데 1분도 걸리지 않는다."

홍콩 죽 인기 토핑

쭈연(豬膶)
돼지 간

페이딴(皮蛋)
삭힌 오리알

아우욕(牛肉)
쇠고기

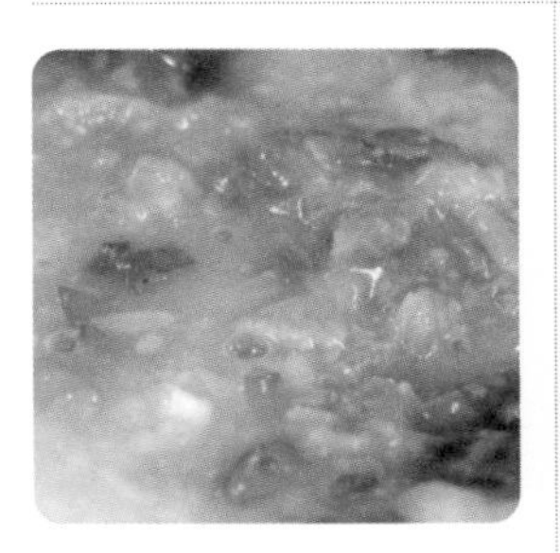

사우욕(瘦肉)
돼지 살코기

야우짜꽈이(油條)
홍콩식 튀긴 빵

위핀(魚片)
흰 살 생선

상키

033

출근길 직장인이 줄 서는 죽집

'줄 서서 사 먹는 죽집'이 있을 수 있다는 걸 홍콩에서 알았다. 홍콩섬 셩완역 인근의 콘지 전문점 '상키'를 경험하고 나서다. 셩완에서 50년 넘게 영업 중인 상키는 아침부터 한낮까지 줄이 끊이지 않는다. 직장인과 외국인 관광객이 오전 6시30분 문을 열 때부터 이어달리기라도 하듯이 가게 앞을 메운다.

한국 죽과 홍콩 죽은 전혀 다른 음식이다. 우리는 밥으로 죽을 쑤지만, 홍콩에는 부러 쌀을 빻아서 죽을 끓이는 집도 많다. 육수도 다르다. 우리는 맹물에 밥 넣고 끓이면 그만인데 홍콩은 육수부터 따로 낸다. 보통 가리비 관자나 닭뼈가 들어간다. 이 육수를 넣고 쑨 죽이 기본 죽 '쪽따이(粥底)'다. 쪽따이는 우리네 김치처럼 집마다 재료도 다르고 레시피도 다르다. 이를테면 상키는 관자와 돼지뼈, 그리고 '유바(湯葉·두유가 끓을 때 생긴 막을 말린 음식)'를 넣어 쪽따이를 만든다. 이 쪽따이에 저마다 취향에 맞는 재료를 얹은 게 콘지다. 하여 콘지는 종류가 무궁무진하다. 메뉴가 100개나 되는 죽집도 있다. 상키는 소박한 편이다. 62가지 죽밖에 없다. 가격은 37~75HKD. 약 6500~1만3300원이다.

소고기와 돼지 간을 곁들인 죽과 홍콩식 튀김 빵 '야우짜꽈이'. '야우짜꽈이'는 죽에 푹 적셔서 먹는다. ©백종현

홍콩섬 성완의 50년 전통 죽집 '상키'. 긴 세월 성완 지역의 아침 식사를 책임져 온 곳이다. ©백종현

상키는 물론이고 홍콩의 어지간한 죽집에 가면 죽과 함께 도넛을 주문하는 풍경을 심심치 않게 목격할 수 있다. 죽에 도넛이라니. 이 무슨 해괴한 콤비네이션인가. 어떻게 먹나 지켜봤더니, 도넛을 죽에 빠뜨려 푹 담갔다가 숟가락으로 퍼먹는다. 짐짓 태연한 자세로 그대로 따라서 먹었다. 감칠맛이 확 올라왔다. 참, 죽에 넣어 먹는 도넛의 이름은 '야우짜꽈이(油餅)'다.

여기서 제안 하나. 줄 설 각오를 해야 하지만, 아침 시간이나(대략 오전 8~9시) 점심시간(정오~오후 2시)에 맞춰 상키를 방문해 보기를 권한다. 상키는 한국으로 치면 광화문이나 여의도 골목의 해장국집 같은 곳이다. 와이셔츠 차림의 넥타이 부대가 식당을 가득 채운 광경이 묘하게 친근하다. 그들이 허겁지겁 죽 뜨는 장면만 봐도 힘이 생긴다. 낮 12시30분 이전에 계산하거나, 오후 2시30분이 지나서 입장하면 할인 혜택이 있다. 죽 한 그릇에 3HKD(약 500원)씩 깎아준다.

Sang Kee Congee Shop
상키 生記粥品專家

7 Burd Street, 7 Burd St, Sheung Wan
콘지, 야우짜꽈이

로푸키

034

죽에서 꽃이 핀다

센트럴의 '로푸키'는 1959년 개업한 유서 깊은 죽집이다. 로푸키 문을 열고 들어가면 어른 허리춤까지 올라오는 커다란 솥부터 눈에 들어온다. 하고한 날 이른 새벽 가게에 나와 족히 1.5m는 되는 나무 주걱을 부지런히 저으며 죽을 쑨단다. 죽은 한국이나, 홍콩이나 정성의 음식이다.

'호이파(開花)'. 꽃이 핀다는 뜻이다. 오랜 시간 죽을 쒀 쌀알이 터지는 장면을 홍콩 사람은 활짝 핀 꽃에 비유한다. 쌀의 형체가 보이지 않아야, 죽 안에서 꽃이 피어야 홍콩에서는 제대로 끓인 죽으로 여긴다. 쌀가루를 활용해 간단히 죽을 쑤는 방법도 있지만, 맛과 식감에서 차이가 크다. 로푸키도 쪽따이를 쑤는 데 최소 2시간을 쏟는다.

고백하자면 홍콩원정대가 가장 사랑한 식당이 로푸키였다. 입맛도, 식성도 제각각이라 의견이 갈릴 때가 많았지만, 이 집에서만큼은 모두가 행복하게 그릇을 비웠다. 홍콩원정대가 꼽은 로푸키 추천 메뉴는 세 가지다. 돼지 간을 넣은 '쭈연쪽(豬膶粥 · 50HKD · 약 8800원)', 페이딴과 돼지 살코기를 곁들인 '페이딴사우욕쪽(皮蛋瘦肉粥 · 42HKD · 약 7400원)', 흰 살 생선을 올린 '유핀

홍콩섬 센트럴의 유명 죽집 '로푸키'에서 맛본 '쭈연쪽'. 돼지 간을 넣은 죽 요리인데, 돼지 간이 싱싱해 식감이 쫄깃쫄깃했다. ©권혁재

쪽(魚片粥·42HKD·약 7400원)'. 박찬일 셰프와 '진진' 왕육성 사부의 죽집 토크를 아래에 중계한다.

"간간하고, 고기는 신선하다 못해 방금 도축한 돼지 같다." "간은 익힐수록 단단하고 순대 간처럼 퍽퍽해지는데, 생간을 써서 미디엄 레어 같네! 아주." "생선도 비린내 하나 없이 부드럽고 꼬소해." "얼마나 곱게 죽을 쒔는지 밥알이 보이지가 않아."

홍콩에서 죽을 주문하면 대개 10분 안에 나온다. 기본 죽 '쪽따이'를 미리 만들어 놨다가 주문이 들어오면 토핑을 넣고 다시 끓이기 때문이다. ©권혁재

Law Fu Kee
로푸키 羅富記粥麵專家

48-50 Lyndhurst Terrace, Central

콘지

치우록유엔

035

홍콩에서 해장하는 법

메뉴판에는 '蠔粥(굴죽 · 호우쪽)'이라고 써있지만, 생김새와 맛 모두 영락없는 굴국밥이다. ©백종현

'치우록유엔'은 '미쉐린 가이드'가 "풍미 가득한 치우차우 요리를 낸다"고 평가한 맛집이다. 거위 선지, 문어 숙회도 유명하다. ©백종현

미식 천국 홍콩에 의외로 없는 게 하나 있다. 해장문화다. '해장국' 같은 이름의 음식도 없고, "나 어제 너무 달려서 해장하러 가야 돼" 같은 표현도 들어보지 못했다. '모닝'을 '케어'해서 '컨디션'을 회복하고 '여명'을 되찾자는 식의 숙취해소제도 당연히 없다.

홍콩섬 노스포인트의 치우차우 요리 전문점 '치우록유엔'. ©백종현

홍콩에서 100끼 넘게 먹고 다니다 보니 술을 빠뜨릴 수 없었다. 덕분에 숙취 해소에 관한 정보가 알아서 몸에 쌓였다. '해장국'이란 낱말만 없을 뿐인지, 속풀이에 도움이 될 만한 음식은 꽤 있었다. 고깃국 베이스의 아우람민, 새우·가리비 등으로 육수를 낸 완탄민, 밥알이 보이지 않을 정도로 곱게 쑨 콘지, 비싸긴 하지만 제비집 수프도 속을 편안하게 해줬다. 가장 효과가 탁월했던 건 굴국밥이다. 그래, 맞다. 홍콩 사람도 굴국밥을 먹는다.

굴국밥은 홍콩섬 노스포인트(北角)의 '치우록유엔' 같은 치우차우 요리 전문점에서 맛볼 수 있다. 치우차우는 생선과 해물 요리가 발달한 광둥성 동쪽의 고장이다. 치우차우에서는 죽을 쑬 때 밥알을 터트리지 않고 고이 살린다고 한다. 하여 홍콩의 치우차우 요리 전문점(潮州菜)에서 '蠔粥' 'oyster congee'라고 적힌 요리를 주문하면 생김새부터 맛과 향까지 영락없는 굴국밥이 나온다.

국물도 개운하다. 굴을 많이 넣어서 시원한 줄 알았는데, 양갈비와 건어물로 따로 낸 육수를 쓴단다. 가격은 75HKD(약 1만3000원)다. '미쉐린 가이드'는 치우록유엔을 7년 연속 '미쉐린 가이드 빕 그루망'에 올리면서 "풍미 가득한 치우차우 요리를 낸다"고 소개했다.

Chiu Chow Delicacies
치우록유엔 潮樂園

96 Wharf Rd, North Point
굴죽, 거위 간장 절임, 거위 선지

찹찹

036

식신이 만든 고기덮밥

씨우메이 전문점 '찹찹'. 최근 센트럴로 가게를 이전했다. ©백종현

홍콩 밥상의 주인공은 씨우메이, 즉 바비큐 요리라고 앞에서 강조한 바 있다. 그 씨우메이를 덮밥으로 즐기는 씨우메이판이 홍콩 음식문화를 상징한다는 사실도 설명했었다. 홍콩 밥상의 간판 같은 음식이어서 홍콩에는 씨우메이판 잘하는 집이 셀 수 없이 많다. 그 수다한 씨우메이판 맛집 중에 홍콩백끼가 찜한 곳은 이곳, 센트럴의 '찹찹'이다.

'찹찹'의 '차씨우판'과 '씨우욕'. 달짝지근한 '차씨우'와 겉바속촉의 진수를 보여주는 '씨우욕' 모두 맥주를 부르는 음식이다. ©백종현

찹찹에 가면 식당 앞에 내건 대문짝만 한 문구부터 시선이 간다. '식신의 차씨우(食神叉燒)'. 무슨 뜻일까. 우선 차씨우부터. 홍콩의 돼지고기 바비큐는 굽는 방법과 고기 부위에 따라 차씨우(叉燒)와 씨우욕(燒肉) 두 종류로 나뉜다. 차씨우는 달짝지근한 양념을 발라 구운 돼지 바비큐고, 씨우욕은 돼지 오겹살 구이다. 차씨우는 육질이 부드러우면서도 육즙이 풍부한 것이 특징이고, 씨우욕은 겉을 바삭하게 굽는 게 핵심이다. 우리에게 익숙한 '차슈'의 홍콩식 발음이 차씨우다.

차씨우는 알았고, 그럼 '식신'은 누구일까. 주성치 주연의 영화 '식신'의 그 식신이다. 영화 '식신'에 나오는 음식 레시피를 찹찹의 다이룽(戴龍) 셰프가 알려줬다. 다이룽은 '식신'에 카메오로 출연하기도 했다. 영화 초반 요리대회에서 밥을 제대로 짓지 못했다며 주성치에게서 0점 받고 '광탈'하는 요리사가 다이룽이다. 실제로 다이룽은 홍콩을 대표하는 유명 셰프다.

찹찹에서 맛봐야 할 메뉴는 당연히 돼지고기 바비큐 덮밥이다. 차씨우를 앞세웠지만, 씨우욕 얹은 덮밥도 잘한다. '차씨우판(叉燒飯)'은 85HKD(약 1만 5000원), '씨우욕판(燒肉飯)'은 55HKD(약 9700원). 소문처럼 차씨우는 육즙이 뚝뚝 떨어졌고, 씨우욕은 '겉바속촉'의 한 경지를 보여줬다.

Chop Chop
찹찹 食神叉燒

3F, Pedder Building, 12 Pedder St, Central
차씨우판, 씨우욕판

'찹찹' 입구에 내걸린 바비큐들. 주문이 들어오면 곧장 토막 쳐 테이블에 올린다. ©백종현

힝키

037

백종원도 반한 홍콩 돌솥밥

←
뚝배기 밥에 갖은 재료를 올려 비벼 먹는 '뽀짜이판'은 우리네 돌솥밥과 사뭇 닮았다. '뽀짜이판'이 나오면 홍콩식 간장을 듬뿍 부어 비벼 먹는다. ©백종현

홍콩 식당의 주방을 상징하는 몇몇 풍경이 있다. 거센 불길 위의 웍, 딤섬집에 쌓인 찜통 그리고 화구 위에서 줄 맞춰 끓고 있는 뚝배기. 점토와 모래를 섞어 빚은 이 뚝배기를 광둥어로 '뽀짜이(煲仔)'라 한다. 홍콩식 포장마차 다이파이동에서 어향가지 같은 요리를 주문하면 뽀짜이에 담겨 나온다.

뽀짜이로 끓이는 음식 중에 제일 흔한 게 '뽀짜이판(煲仔飯)'이다. 뜨거운 뚝배기에 밥과 음식을 한데 넣은 꼴이 우리의 돌솥비빔밥을 닮았다. 뽀짜이판도 종류가 수십 가지다. 닭발·장어·취두부·돼지갈비·푸아그라 등 들어가는 재료에 따라 다 다른 음식이 된다. 개중에서 기본이 되는 뽀짜이판이 있다. 밥에 '랍메이(腊味·소금에 절이거나 훈제한 중국식 소시지)'만 올린 '랍메이판(腊味飯)'이다.

야시장으로 알려진 템플 스트리트 주변에 뽀짜이판 전문 식당이 몰려 있다. 1982년 문을 연 '힝키'도 템플 스트리트 지역의 뽀짜이판집이다. 백종원 대표의 영향력은 힝키에서도 확인할 수 있었다. 백종원 대표가 출연한 '스트리트 푸드 파이터'에 힝키가 나온 뒤 한국인 관광객이 폭발적으로 늘었단다. 메

'뽀짜이(홍콩식 뚝배기)'가 줄지어 있는 '힝키'의 주방. ©백종현

뉴판에도 백종원 대표 사진이 붙어 있다. 오후 1시30분부터 자정까지 문을 여는데, 오후 5~7시가 가장 붐비는 시간이다.

인기 메뉴라는 '민지아우욕뽀짜이판(免治牛餅煲仔飯 · 80HKD · 약 1만4000원)', 쉽게 말해 볶은 소고기덮밥을 주문하고 주방을 엿봤다. 뽀짜이에서 밥을 짓다가 곱게 다진 볶은 소고기를 붓고 총총 썬 파와 계란 하나를 깨 넣으니 뚝딱 요리가 완성됐다. 여기서 끝이 아니다. 뽀짜이판은 대개 뽀짜이 간장(煲仔醬油)이라는 홍콩식 간장을 뿌려 먹는데, 간장을 뿌린 뒤 뚜껑을 닫고 2분 정도 기다려야 한다. 이 2분이 열기는 식히고 풍미는 올리는 마법의 시간이다. 뚜껑을 열자 밥 냄새와 함께 고소한 향이 훅 끼쳤다.

Hing Kee Restaurant
힝키 與記菜館

15 Temple St, Yau Ma Tei
뽀짜이판, 굴전

홍콩 여행 필수 앱 7

Foodpanda
'홍콩의 배민'. 외국인도 주소만 찍으면 음식을 시켜먹을 수 있다. 'Deliveroo' 'Keeta'와 함께 홍콩 배달 앱 삼대장으로 통한다.

OpenRice
홍콩 맛집 탐방을 위한 1순위 앱. 메뉴·음식 사진은 물론이고 가격·리뷰·평점 등 식당 정보를 한눈에 볼 수 있다. 식당 예약도 가능.

MyObservatory
홍콩 국민 날씨 앱. 기온, 강우 확률, 태풍 위치 등 실시간 기상 정보를 제공한다. 태풍 잦은 7~9월 홍콩 여행을 계획한다면 필수 앱이다.

MTR Mobile
홍콩 지하철 노선도. 지하철 위치와 노선, 출구 정보 등을 제공한다.

Uber
광둥어에 자신 있다면 택시를 직접 잡아 타도 된다. 그러나 보통의 외국인에게는 우버가 훨씬 편리하다. 목적지 설정부터, 계산까지 앱에서 처리할 수 있다.

Klook
테마파크·박물관 입장권, 교통 패스 등을 예약할 수 있다. 할인 티켓도 많이 올라온다.

Whats App
한국인을 제외한 전 세계의 무료 메신저. 홍콩에서도 유용하다.

훠궈로드 火鍋

라우하 훠궈반점

롱퐁 치킨스 팟

싱키 누들

뷰티 인 더 팟

팔팔 끓는 탕에 고기·채소·면 등을 넣어 건져 먹는 음식이 '훠궈'다. 홍콩에서는 '포워' 혹은 'Hot Pot'이라고 한다. ©백종현

홍콩은 훠궈의 도시

홍콩 음식 하면 딤섬부터 떠오른다. 홍콩에서 보니 웬걸, '훠궈(火鍋)' 판이 더 컸다. 홍콩의 밤거리를 훤히 밝힌 훠궈집 간판을 궁금해 하다가 뜻밖의 통계와 맞닥뜨렸다. '오픈라이스(홍콩 최대 식당 정보 앱)'에 등록된 딤섬 전문점은 676곳인데, 훠궈 전문 레스토랑이 1000개가 훌쩍 넘었다. 홍콩은 훠궈의 도시다.

훠궈를 향한 홍콩의 이상 열기는 홍콩백끼에 돌발변수 같은 것이었다. 하고한 날 푹푹 찌는 홍콩에서 맵고 뜨거운 훠궈를 씩씩대며 먹어치우는 식성이라니. 홍콩에서는 '얼죽아(얼어 죽어도 아이스 아메리카노)'가 아니라 '더죽훠(더워 죽어도 훠궈)'란 말인가. 애초의 취재 계획을 엎고 훠궈 판에 뛰어들었다.

아시다시피 훠궈는 홍콩 음식이 아니다. 홍콩 음식의 뿌리라는 광둥 요리도 아니다. 훠궈는 중국 서쪽 끄트머리 쓰촨에서 출발했다. 쓰촨은 '삼국지'에서 조조에게 중원을 빼앗긴 유비가 숨어들었던 중국의 서쪽 변방이다. 중국 최남단의 섬 홍콩과 하등 관계가 없다. 그렇다고 연결고리가 없는 건 아니다. 쓰촨성은 덥고 습한 내륙 산간지역이다. 예부터 이 지역에서는 매운 음식으로 모진 기후를 버텼다. 그 전통이 훠궈에서 꽃을 피웠다. 홍콩도 덥고 습하다. '맵부심'으로 똘똘 뭉친 우리네 대구도 덥고 습하다. 훠궈로드를 잇는 매개는 의외로 이열치열(以熱治熱)의 정신이다.

중국 본토를 비롯한 아시아 여러 나라가 훠궈의 알싸한 맛에 중독됐고 열광한다. 하여 지역마다 훠궈가 조금씩 다르다. 쓰촨식 훠궈는 마라·고추·산초를 아낌없이 때려넣어 몹시 맵다. 처음 먹어보면 따귀를 맞은 것처럼 정신이 번쩍 든다. 대만의 훠궈는 순한 맛이 대세다. 버터·과일·한약재 등을 넣어 맛이 덜 자극적이고 고소하다. 내륙지역 쓰촨의 훠궈는 육류가 주재료지만, 섬나라 대만은 해산물을 십분 활용한다.

홍콩의 훠궈는 한마디로 자유분방하다. 동서양의 음식 문화가 뒤엉킨 도시답다. 쓰촨식 마라맛 훠궈는 물론이고, 동남아시아 땅콩 소스를 가미한 훠궈에 싱가포르에서 건너온 글로벌 훠궈 브랜드까지 다국적 훠궈가 각축 중이다. 종류는 셀 수 있는 영역을 넘어선다. 홍콩 훠궈는 토핑만 100가지라고 하는데, 육수도 수십 가지에 이른다. 개중에 열대 과일 두리안을 넣은 훠궈도 있고, 피부 미용에 좋다는 훠궈도 있다. 당신이 무엇을 상상하든, 홍콩 훠궈는 그 너머에 있다. 참, 홍콩에서는 훠궈를 훠궈라 부르지 않는다. 광둥어로 '포워'라고 한다. 영어로는 'Hot Pot'이다.

홍콩 사람은 훠궈가 몸뿐 아니라 마음도 덥히는 음식이라고 말한다. 원탁에 동그랗게 모여 앉아 뜨거운 냄비 속 음식을 나눠 먹다 보면 없던 정도 들게 마련일 테다. 당부의 한 말씀. 훠궈는 꼭 여럿이 같이 드시길 권한다. 그래야 더 맛있고, 그래야 더 다양한 먹거리를 맛볼 수 있다.

고기만 드시려고요?
훠궈 추천 토핑 8

두부피 튀김롤 (響鈴)

닭 고환 (雞公子)

생선 껍질 튀김 (炸魚皮)

오징어 (花枝片)

블랙 타이거 새우 (九節蝦)

만두 (餃子)

미트볼 (貢丸)

해물 모둠 (海鮮拼盤)

라우하 훠궈반점

038

소고기보다 닭 고환

홍콩섬 코즈웨이베이의 '라우하 훠궈반점'. 1970년대 홍콩 스타일의 레트로한 인테리어로 인기를 끄는 '훠궈' 전문점이다. ©백종현

홍콩에서 훠궈집으로 살아남는 건 '흑백요리사'의 서바이벌 미션만큼 난도가 높은 일이다. 좋은 고기와 신선한 해산물을 갖추는 건 기본. 아이디어 경쟁이 워낙 치열하다. 여심 자극하는 공주풍의 훠궈집, 두부·소시지·배추 등 토핑을 100가지나 깔아둔 훠궈집, 독하게 매운맛을 강조하는 훠궈집, 무한리필 훠궈집 등 별별 훠궈집이 다 있다.

닭 고환 '까이꽁지'. 탕에 푹 담가 익혀 먹는데, 깨물면 육즙이 톡 터진다. ©백종현

이를테면 코즈웨이베이의 '라우하 훠궈반점'은 레트로 감성으로 충만한 훠궈집이다. 830㎡(약 250평) 규모의 실내를 옛 홍콩 스타일로 꾸몄는데, 1980~90년대 홍콩 누아르 영화의 촬영장 같다. 어두침침한 조명과 낡은 셔터, 항구 뒤편 수산시장을 옮겨온 듯한 인테리어, 휘황찬란한 네온사인과 낡은 선풍기…. 훠궈를 떠먹을 게 아니라 '샷따' 내리고 마작 한 판 해야 할 것 같은 분위기다.

탕과 함께 여러 토핑을 주문했다. 소고기 안심, 닭 연골 튀김, 새우 어묵, 오징어볼이 속속 테이블에 깔렸다. 익숙한 소고기보다 생선 껍질 튀김 '짜유페이(炸魚皮)'와 두부피 튀김롤 '헝링(響鈴)'에 손이 먼저 갔다. 팔팔 끓는 탕에 3초 안 되게 담갔다가 먹었는데, 바삭한 식감이 맥주 안주로 딱 맞았다.

하이라이트는 '까이꽁지(雞公子)', 그러니까 닭 고환이었다. 맛이 어떠냐고? 탱글탱글한 생김새가 알탕 속 '어란(魚卵)'처럼 보였지만, 식감이 전혀 달랐다. 탕에 푹 담가 익혀 먹는데, 한 입 깨물자 육즙이 툭 터졌다. 역한 냄새나 비린 맛은 없었다. 닭 고환은 홍콩 어르신 사이에서 스태미나를 높이는 식재료로 통한단다. 속는 셈치고, 여러 알을 양껏 맛봤다.

Lau Haa Hot Pot Restaurant
라우하 훠궈반점 樓下火鍋飯店

441 Lockhart Rd, Causeway Bay
훠궈

'훠궈'는 여럿이 먹어야 더 맛있다. 그래야 더 다양한 토핑을 추가해 맛볼 수 있어서다. ©백종현

롱퐁 치킨스 팟

039

두리안 훠궈? 대체 정체가 뭐야

'롱퐁 치킨스 팟'의 '두리안 까이포'. 두리안을 곁들인 닭볶음 요리를 먼저 집어먹은 뒤 남은 소스에 육수를 부어 훠궈 스타일로 즐긴다. ©백종현

한국에 도입이 시급한 훠궈 요리도 있다. 이름하여 '까이포(雞煲)'. 'Chicken Hot Pot'이라는 영어 이름만 보면 단순한 닭요리 같은데, 먹는 방법이 특이하다. 요약하자면 요리 하나를 두 단계로 나눠 먹는다. 우리네 닭갈비를 연상케 하는 닭볶음 요리를 먼저 집어 먹는 것이 전반전, 남은 마라 양념에 육수 붓고 고기나 해산물을 넣어 먹는 것이 후반전 되겠다. 한 끼 식사에서 마라맛 닭볶음과 훠궈 두 요리를 즐기는 방식으로, 이른바 '원 플러스 원' 조합이다.

'중국에서 건너온 요리다' '2000년대 홍콩에서 개발된 요리다' 하며 원조를 두고 말이 많은데, 확실한 건 까이포가 요즘 홍콩 MZ세대에 선풍적인 인기를 누리고 있다는 사실이다. 침사추이(尖沙咀) 역 앞의 까이포 전문 '롱퐁 치킨스 팟'을 방문했는데, 손님 대부분이 20~30대 젊은이였다.

'두리안 까이포'와 '파인애플 까이포'가 롱퐁 치킨스 팟의 시그니처 메뉴로 통한다. 잠깐, 훠궈에 두리안을 넣는다고? 그 냄새 나는 열대 과일을? 종업원에 따르면 두리안이 닭의 나쁜 냄새를 잡고, 풍미를 올려준단다. 오랑캐로 오랑캐를 잡는다더니, 닭 누린내 잡겠다고 두리안을 넣는다고? 벌칙 받는 심정으

©백종현

'롱퐁 치킨스 팟'은 감각적인 인테리어와 예쁜 상차림 덕분에 20~30대 여성 손님이 특히 많다. ©백종현

로 한 입 가져가 봤다. 마라의 매운 향 덕분인지 두리안의 고약한 냄새는 거의 느껴지지 않았다. 되레 오묘한 풍미가 돌아 은근히 식욕을 돋웠다.

식사를 함께한 3명의 홍콩인도 두리안 넣은 까이포는 처음이라며 연신 사진에 담았고, 낙오자 없이 후반전까지 무사히 마쳤다. 젊은 층 타깃의 식당답게 피사의 사탑처럼 쌓아서 나오는 소고기, 탁구대처럼 생긴 테이블 등 인증사진 부르는 장치들이 눈길을 끌었다. 두리안 까이포는 268HKD(약 4만7000원·훠궈용 고기와 해산물 별도)다. 꿀팁 하나, 오후 6시 전에 계산하고 나가면 까이포를 반값만 받는다(고기·해산물 제외).

Lung Fung Chickens Pot
롱퐁 치킨스 팟 龍鳳呈祥雞煲火鍋

16 Carnarvon Rd, Tsim Sha Tsui
두리안 까이포, 파인애플 까이포

싱키 누들

040

여행자를 위한 가성비 훠궈집

홍콩에서 훠궈는 가성비 좋은 음식이 아니다. 탕 2만원, 소 안심 5만원, 전복 1만2000원, 어묵 1만5000원…, 이런 식으로 선택 재료에 따라 요금을 더하는 방식인데, 방심하고 재료를 추가하다간 주머니가 거덜날 수도 있다. 한 번은 6명이 훠궈를 먹고 나왔더니 영수증에 3000HKD가 찍혀 있었다. 자그마치 53만원이다. 더 놀랐던 건 함께 식사한 홍콩 친구의 한마디다. "이만하면 적당히 나온 거야." 홍콩이 서울보다 물가가 높은 건 알고 있었지만, 이 정도인 줄은 몰랐다.

구룡반도 사틴(沙田)의 '싱키 누들'은 홍콩백끼가 추천하는 가성비 훠궈 맛집이다. 4~6인 기준 888HKD(약 15만7000원)짜리 세트 메뉴가 주력 상품이다. 5명이 가면 한 명당 4만원이 안 되는 돈으로 훠궈를 즐길 수 있다. 양이 적은 것도 아니다. 코끼리조개·바다새우·소고기·돼지고기·만두·두부·옥수수 등 10가지 넘는 재료가 나온다.

싱키 누들은 탕이 인상에 남는다. 어느 훠궈 식당을 가든 기본 육수를 정하는 게 첫 순서인데, 싱키 누들은 매콤한 홍탕과 사골 우린 백탕 말고도 토마토

꽃게탕, 사천 마라탕, 돼지연골탕, 약재 보양탕 등 선택할 수 있는 탕이 30가지나 됐다.

일명 '술 취한 닭고기탕(花雕醉雞鍋)'을 골랐다. 이름처럼 탕에 술이 들어간다. 중국 남부 지방의 전통주 '소흥주(紹興酒)'에 닭을 재우고 구기자·마·생강 등을 곁들여 육수를 낸다고 했다. 가게 이름에서 짐작할 수 있듯이, 싱키 누들은 훠궈 전문점이 아니다. 낮에는 국수를 팔고, 저녁에만 훠궈를 끓인다. 깊고 진한 훠궈로 배를 채우고 났더니, 이 집의 점심 메뉴 완탄민(52HKD·약 9200원)이 궁금해졌다.

Shing Kee Noodles
싱키 누들 盛記盆菜&盛記麵家

Shop 5, Lek Yuen Market, Lek Yuen St, Lek Yuen Estate
훠궈

일명 '술 취한 닭고기탕'. 중국술에 닭을 재우고, 구기자·대추 따위를 곁들여 탕을 끓인다. ©백종현

뷰티 인 더 팟

041

미녀는 훠궈를 좋아해

몽콕의 '뷰티 인 더 팟'은 싱가포르에서 건너온 글로벌 훠궈 브랜드다. 중국에도, 미국에도 매장을 냈다. 상호가 영 낯설다. 훠궈와 '아름다움(Beauty)' 사이에 어떤 관계가 있다는 걸까.

뷰티 인 더 팟은 대놓고 여성 손님을 유혹하는 훠궈집이다. 입구에 모형 장미 수백 송이로 만든 곰 인형을 세웠고, 가게 내부는 밝은 핑크색과 민트색을 칠했다. 한 시절을 풍미했던 소위 '공주풍 카페'에서 맵고 뜨거운 훠궈를 먹는 꼴이어서 한국 아재로서는 두리안 까이포나 닭 고환 훠궈보다 진입 장벽이 더 높게 느껴졌다.

인테리어만 '뷰티'하게 꾸민 게 아니다. 피부와 건강에 효과가 좋다는 이른바 '미용훠궈'로 메뉴판이 가득하다. 사실 훠궈는 건강에 좋지 않다는 인식이 파다한 음식이다. 맵고 짠 데다, 단백질과 지방의 과도한 섭취를 유발하기 때문이다.

메뉴판을 다시 보자. 육수는 8가지가 준비됐는데, 하나같이 이름이 길다. '몸에 좋은 약선 닭고기탕(養生藥膳醉雞鍋)' '장생을 위한 송이버섯탕(長生松茸

©백종현

2시간 동안 무제한으로 '훠궈'를 맛볼 수 있다. ©백종현

장미꽃 모형으로 만든 대형 곰 조형물을 비롯해 여심을 자극하는 인테리어로 가득하다. ©백종현

野菌鍋)’ ‘1등급 참깨로 만든 사테탕(特濃沙嗲鍋)’ ‘비타민C가 풍부한 토마토 옥수수탕(維他命C蕃茄玉米鍋)’ 등등. 베스트셀러 육수는 일명 ‘미용 콜라겐탕(膠原蛋白養顏美容)’이다. 돼지뼈·족발·가리비·닭발 등을 푹 고아 육수가 우윳빛을 띤다. 훠궈는 국물을 마시지 않는 게 상식이라고 배웠는데, 이 집은 “고기를 넣기 전에 국물을 먼저 마시라”고 권했다.

‘양념 반 후라이드 반’ 식으로 먹게끔 반으로 나뉜 훠궈 냄비를 홍콩에서는 ‘원앙 냄비(鴛鴦鍋)’라 한다. 원앙 냄비에 가장 자극적으로 보이는 매운 육수와 가장 건강하게 느껴지는 콜라겐탕을 반씩 주문했다. 건강까지는 모르겠고, 국물이 진하고 깊었다. 뷰티 인 더 팟은 뷔페식으로 운영된다. 120분 동안 무제한으로 훠궈를 즐길 수 있다. 소고기·양고기 등 고기 6종을 무한 제공하는 A세트는 198HKD(약 3만5000원), 프리미엄 소고기 모둠에 해산물을 추가한 D세트는 288HKD(약 5만1000원)다.

Beauty in the Pot
뷰티 인 더 팟 美滋鍋

8F, Gala Place, 56 Dundas St, Mong Kok
훠궈

홍탕·백탕만 훠궈가 아니다

홍콩 훠궈 전문점에서 만날 수 있는 대표적인 탕 메뉴 아홉 가지. 훠궈를 즐기는 첫 단계는 기본 육수를 선택하는 것이다. 냄비가 반반으로 나뉜 원앙 냄비를 선택하면 두 가지 육수를 동시에 즐길 수 있다. 일부 가게는 4~5개로 칸이 나뉜 냄비를 쓰기도 한다.

백탕(清湯·청탕) 고기와 야채로 낸 뽀얀 육수	**홍탕(辣味湯底)** 백탕에 두반장·고추기름·초피 등을 섞어 만든 육수	**마라탕(麻辣湯底)** 마라 소스와 사골로 낸 육수
버섯탕(蘑菇湯底) 여러 버섯을 배합해 만든 국물	**해물탕(海鮮湯底)** 갖은 해물로 낸 육수	**사골탕(牛骨湯底)** 소 사골을 우린 육수
볶음탕(雞煲) 재료를 먼저 볶은 뒤 만든 육수	**토마토탕(蕃茄湯底)** 볶은 토마토에 닭 육수를 배합해 만든 육수	**사테탕(沙嗲湯底)** 소고기 육수에 인도네시아·싱가포르식 땅콩 소스를 곁들인 육수

채식 요리 Vegan

- 베다
- 우마 노타
- 치린 베지테리언
- 포린사원 채식 식당

육식 도시 홍콩의 채식 열풍

"홍콩에서 채식주의자로 살아남을 수 있을까?"

2023년 미국의 소셜미디어 '레딧'에 올라온 한 여행자의 질문이다. 정답이 정해진 질문 같은데, 의외로 반응이 뜨거웠다. 100개가 넘는 댓글 중에는 "바비큐가 길거리에 아무렇지 않게 걸려 있는 도시에서?" 같은 당연한 댓글이 많았으나 "'홍콩 채식' 검색해 봐, 엄청나" "평생 살아도 될걸"처럼 예상 밖의 답변도 꽤 많았다. 뭐? 홍콩에서 풀만 먹고 살 수 있다고?

홍콩은 자타가 공인하는 '육식 도시'다. 다리 네 개 달린 건 책상 빼고 다 먹는다는 도시이고, 비둘기부터 자라까지 별의별 '육고기'가 골목마다 내걸린 도시다. 여기에 바닷것까지 더하면, 홍콩에서 고기 없는 밥상은 상상하기 어렵다. 그 강력하고 위대한 육식의 도시에서 요즘 채식이 유행이란다.

2020년 홍콩의 사회적 기업 '그린 먼데이'가 실시한 설문에 따르면 '1주일에 한 번 이상 채식을 한다'고 응답한 사람이 21%를 차지했다. 홍콩 사람 5명 중 1명꼴이다. 찾아보면 채식 식당도 많다. 홍콩 최대 식당 정보 앱 '오픈라이스'에서 '베지테리언'을 검색하면 무려 436개 식당이 뜬다.

홍콩의 채식 열풍을 주도하는 층이 있다. MZ세대다. 가치 있는 소비, 건강과 다이어트, 동물권과 환경을 중시하는 라이프스타일이 신종 트렌드로 자리 잡으면서 채식 문화가 확산 중이라고 한다. 하여 홍콩의 채식 식당은 진지하거나 따분하지 않다. 외려 '힙하고 영하다'. 홍대 거리 클럽처럼 DJ가 파티 음악 트는 채식 레스토랑도 있고, 주방에서 아예 육류를 뺀 부티크 호텔도 있다. 홍콩의 저명 사찰에 갔더니 채식 코스 요리 레스토랑이 성업 중이었다.

홍콩의 채식 식단을 취재하다가 비건(Vegan)은 술도 가려 마신다는 걸 알게 됐다. 비건은 우유도 안 마시는 최고 단계의 채식주의자다. 비건을 위한 칵테일이 있다니까 고기 넣은 술도 있다는 얘기냐 하실까 싶어 미리 일러둔다. 세상에 고기 넣은 술은 없다. 대신 술을 빚는 중에 동물성 재료가 들어가는 술이 있다. 예를 들어 여과 과정에서 양모를 활용하는 잭다니엘 같은 위스키다. 로열샬루트·싱글톤도 대표적인 논비건(Non-vegan) 위스키다. 식전주로 유명한 캄파리, 칵테일에 첨가하는 리큐르(향주) 깔루아도 논비건 알코올에 해당한다. 전 세계 맥주·와인·위스키의 비건 여부를 확인해 볼 수 있는 웹사이트(www.barnivore.com)가 있으니 참고하시라. 세상은 넓고 마실 것도 많다.

베다

042

채식주의자의 파라다이스

홍콩에는 '고기 없는 호텔'이 있다. 호텔 이름은 '오볼로 호텔(Ovolo Hotel·奧華酒店)'. 홍콩 최고 번화가 센트럴에 자리한 4성급 부티크 호텔이다. 오볼로 호텔은 2020년 '홍콩 최초의 채식주의 호텔'을 표방하며 메뉴에서 고기란 고기는 다 뺐다. 레스토랑과 바는 물론이고 룸서비스에도 육류 요리가 없다. 오볼로 호텔의 선택은 언뜻 무모해 보인다. 온갖 산해진미로 손님을 홀리는 게 특급 호텔의 전략이어서다. 그러나 오볼로 호텔의 고기 없는 레스토랑은 예약이 힘들 정도로 장사가 잘된다.

호텔 1층에 자리한 인도 레스토랑 '베다'. 오볼로 호텔의 간판 채식 레스토랑이다. 샐러드부터 디저트, 칵테일까지 30가지가 넘는 채식 식단을 갖췄다. 대표 메뉴는 '알루 고비'(구운 콜리플라워와 감자로 만든 인도 요리)와 '라즈마 마살라'(카레의 일종) 같은 인도 전통 요리. 치즈 토스트와 만두, 초콜릿 칩 쿠키와 후무스 등으로 구성한 어린이 전용 '시크릿 키즈 메뉴'도 있다.

아시다시피 채식에는 여러 단계가 있다. 비건처럼 모든 동물성 식재료를 거부하는 엄격한 채식주의자가 있는가 하면, 예외적으로 수산물을 먹는 페스코

채식 전문 레스토랑 '베다'의 주요 메뉴. 비건을 위한 칵테일도 있다. ©백종현

인도의 전통 요리 '파니 푸리'. 바삭한 과자에 병아리콩 소스를 얹어 한입에 먹는다. ©백종현

오볼로 호텔 1층에 '베다'가 둥지를 틀고 있다. ©백종현

(Pesco), 또 예외적으로 가금류를 먹는 폴로(Pollo), 우유와 유제품만 허용하는 락토(Lacto)도 있다. 비건은 꿀도 안 먹는다. 오볼로 호텔의 베다는 말하자면 락토에 해당한다. 메뉴에 육류는 없지만, 치즈 같은 유제품을 활용한 메뉴는 다양하다.

무엇을 어떻게 먹어야 할지 몰라 지배인의 추천을 받았다. 제일 먼저 만두 '모모(Momo · 78HKD · 약 1만4000원)'를 맛봤다. 다진 시금치와 리코타 치즈로 맛을 냈는데, 고기만두만큼이나 풍미가 진했다. 그냥 먹어도 맛있었는데, 구운 토마토와 민트를 배합한 토마토 소스를 뿌리자 감칠맛이 확 올라왔다. 인도의 길거리 음식을 모티브로 한 '파니 푸리(Pani Puri · 88HKD · 약 1만5600원)'는 먹는 재미가 있었다. 속이 빈 공 모양의 과자를 살짝 깨뜨린 다음 병아리콩과 고수 소스를 듬뿍 담아 한입에 먹는데, 바삭한 식감과 새콤한 소스가 절묘하게 어울렸다.

홍콩의 채식주의자가 즐긴다는 칵테일도 마셔봤다. 유기농 '퀴노아(Quinoa)'로 만든 보드카에 열대 과일 리치와 장미 시럽 등을 섞은 '핑크 레이디'는 이름처럼 빛깔·맛·향 모두 감미로웠고, 음식과의 궁합도 훌륭했다. 채식 만두 모모에 과자 같은 파니 푸리, 여기에 향긋한 칵테일까지. 이 맛깔난 걸 채식주의자에게 양보하라고? 정중히 거절한다.

Veda
베다

GF, Ovolo Central, 2 Arbuthnot Rd, Centrall
모모, 파니 푸리

우마 노타

043

비건 식당이야 헌팅 포차야?

센트럴의 '우마 노타'. 잘 구운 스테이크를 연상하게 하는 가지 요리, 타피오카 튀김, 아보카도 롤 등 메뉴 하나하나가 먹음직스럽다. ©백종현

홍콩섬 센트럴의 할리우드 로드 모퉁이 골목에 채식 퓨전 레스토랑 '우마 노타'가 있다. ©백종현

홍콩섬의 중심가 센트럴에서도 가장 다이내믹한 거리가 '할리우드 로드(荷李活道)'다. 수많은 술집과 카페, 골동품 상점, 갤러리, 옷가게 등이 밤새 거리를 밝힌다. 특히 금요일 밤은 '불금' 만끽하러 나온 청춘으로 그야말로 불야성을 이룬다. 가위 홍콩판 홍대 거리이자 이태원 골목이다.

화려하기 짝이 없는 할리우드 로드 모퉁이에 브라질·일본 퓨전 레스토랑 '우마 노타'가 있다. 요약하자면 채식주의자와 육식주의자가 한데 어울려 노는 레스토랑이다. 채식 전문 식당은 아니지만, 다양한 채식 재료를 활용한 퓨전 요리로 유명하다.

우마 노타에서 채식 메뉴를 주문하는 건 어렵지 않다. 메뉴판에 'V(비건)'

'VG(베지테리언)'로 표시가 돼 있어서다. 아보카도·카사바(남미의 뿌리채소)·시바즈케(しば漬け·일본식 가지 절임)를 결합한 '아보카도 롤', 브라질의 대표 길거리 음식을 테마로 한 '타피오카 튀김', 완두콩·버섯·땅콩 소스를 곁들인 '비건 우동' 등이 우마 노타의 대표 채식 식단이다. 가격은 95~210HKD 수준이다.

우마 노타의 매력은 무엇보다 자유분방한 분위기다. 채식 메뉴가 주력인 레스토랑에서 DJ가 음악을 틀고, 라틴 댄스 공연이 펼쳐진다. 차라리 충격적이었던 장면은 스스럼없는 '작업 현장'. 클럽도 아닌데 "둘이 오셨어요?" 하며 이성에게 말을 거는 홍콩 청춘을 목격할 줄은 몰랐다. 우마 노타에서 불금을 보낸 이후 채식에 관한 생각이 바뀌었다. 채식은 더 이상 맨송맨송한 것이 아니었다. 홍콩의 채식은 힙하고 영하고 활달한 무엇이다.

Uma Nota
우마 노타

38 Peel St, Central
비건 우동, 아보카도 롤

치린 베지테리언

044

70가지, 골라 먹는 재미

난리안 가든의 '치린 베지테리언'. 폭포와 나무로 둘러싸여 신비로운 분위기를 연출한다. ©백종현

'치린 베지테리언'의 대표 메뉴. 복숭아 모양의 '싸우바오', 아스파라거스 만두, 오복 샐러드, 노루궁뎅이버섯 조림. ©백종현

홍콩에 스타벅스(약 200개)보다 많고, 맥도널드(약 250개)보다 많은 게 무엇인지 아시는지. 바로 사원(寺院)이다. 사찰·사당·수도원·신사 같은 종교시설이 600곳 넘는다. 홍콩 어디를 가든 향 피우고 소원 비는 홍콩인을 무시로 맞닥뜨린다.

홍콩 사찰은 도심 사찰이 대부분이지만, 여수 향일암처럼 그림 같은 풍경의 사찰도 더러 있다. 홍콩에서 가장 아름다운 사원으로 꼽히는 곳이 구룡반도 다이아몬드힐(鑽石山)의 '치린수도원(志蓮淨苑)'이다. 치린수도원은 입장객이 줄을 잇는 관광 명소다. 수도원 곁에 규모 3만5000㎡(약 1만 평)의 초대형 중국식 정원 '난리안 가든(南蓮園池)'을 두고 있어서다. 주말이면 긴 줄 늘어서는 난리안 가든 안쪽에 채식 레스토랑 '치린 베지테리언'이 숨어 있다. 난리안 가든도, 치린 베지테리언도 치린수도원이 직접 운영한다.

수도원이 차린 채식 식당이라지만, 절집 공양간의 소박한 분위기하곤 거리가 멀다. 치린 베지테리언은 서울 외곽의 잘 꾸민 '가든형 식당' 같다. 아름드리 나무 사이에 연못을 들이고 인공폭포도 설치해 볼거리와 놀거리를 구비했다. 메뉴판은 차라리 화려하다. 코스 요리부터 딤섬·콘지 등 채식 메뉴만 70가지가 넘는다.

여기에서 야채 딤섬을 처음 먹어봤다. 송로버섯 소스를 뿌린 아스파라거스 만두(55HKD · 약 1만원)는 맛이 정갈했고, 복숭아처럼 생긴 싸우바오(壽包 · 45HKD · 약 8000원)는 색이 고왔다. 참고로 싸우바오는 홍콩에서 일명 '생일 빵(Birthday Bun)'으로 통한다. 중국에선 복숭아가 불로장생(不老長生)을 상징해 복숭아 모양의 싸우바오를 생일 선물로 주는 문화가 내려온단다.

노루궁뎅이버섯 조림도 기억에 남는다. 간장 소스에 절인 노루궁뎅이버섯(홍콩에선 '원숭이머리버섯(猴頭菇)'이라 부른다)에 부레옥잠과 콜리플라워를 곁들여 먹는데, 버섯의 쫀득쫀득한 식감이 꼭 족발 같았다. 난생처음 채식 레스토랑에 왔다는 현지 통역 찰스도 "맛도, 모양도 빈틈이 없다"며 감탄했다. 가격이 비싼 건 흠. 218HKD이니까 약 3만9000원이다.

Chi Lin Vegetarian
치린 베지테리언 志蓮素齋

Nan Lian Garden, 60 Fung Tak Rd, Diamond Hill
노루궁뎅이버섯 조림, 아스파라거스 만두, 싸우바오

포린사원 채식 식당

045

2000명이 줄 서 먹는 절밥

홍콩 하면 떠오르는 이미지가 있다. 물길 따라 마천루가 펼쳐진 빅토리아 하버, 홍콩 도심을 굽어보는 빅토리아 피크(太平山·552m), 스타들의 손도장으로 가득한 스타의 거리 등. 여기에 하나 추가하면 34m 높이의 대불(大佛) '틴탄다이팟(天壇大佛)'이 있겠다. 란타우(爛頭)섬 복판의 언덕 꼭대기에 들어앉아 남중국해를 응시하는 모습이 브라질 '구원의 그리스도상'처럼 웅장하다.

이 거대 청동 불상이 가부좌 튼 언덕이 홍콩의 명찰(名刹) '포린사원(寶蓮禪寺)' 경내다. 홍콩 불교에서는 템플스테이나 발우공양 같은 불교 체험 프로그램을 거의 찾아볼 수 없는데, 포린사원이 예외적으로 1993년부터 채식 식당(齋堂·짜이덩)을 운영하고 있다. 5월 15일 석가탄신일 하루에만 약 2000명이 줄지어 절밥을 먹고 갔단다.

치린수도원의 치린 베지테리언이 수십 가지 레퍼토리를 갖춘 일품 요릿집이라면, 포린사원의 채식 식당은 딱히 주문이 필요 없는 백반집에 가깝다. 간단한 음식 몇 가지만 갖춘 '귀빈상(150HKD·약 2만7000원)' 하나만 판다. 양배추로 속을 채운 천균(春卷·춘권), 레몬 소스에 재운 두부피, 표고버섯 조림, 모

포린사원 귀빈상 상차림. 양배추 천균, 레몬을 곁들인 두부피, 샐러드와 표고버섯 조림, 호박국. ©백종현

란타우섬 포린사원의 명물로 통하는 '틴탄다이팟'. ©백종현

닝글로리·콩·죽순 등을 버무린 샐러드에 호박국이 귀빈상을 이룬다.

홍콩백끼를 안내한 포린사원의 스님은 "몸에 자극을 줄 수 있어 파·마늘도 일절 쓰지 않는다"며 "편안한 채식으로 사찰의 고요와 안정감도 얻어 가면 좋겠다"고 말했다. 쏘짜이는 식재료 대부분을 홍콩 각지의 농가에서 가져오는데, 두부만큼은 매일 아침 절에서 손수 만든다. 혀에 온 신경을 쏟아야 맛을 느낄 수 있을 정도로 간이 심심했지만, 모든 음식에서 은은한 향이 묻어났다.

Po Lin Monastery Restaurant
포린사원 채식 식당 寶蓮禪寺 齋堂

📍 Po Lin Monastery, Ngong Ping Rd, Ngong Ping
👍 양배추 천균, 표고버섯 조림, 호박국

꼭 가봐야 할 홍콩의 사원 4곳

홍콩에는 600개가 넘는 사원이 있다. 홍콩의 토속 문화를 경험할 수 있는 공간도 있고, 남다른 운치를 품은 사진 명소도 있고, 나들이 삼아 다녀가기 좋은 공간도 있다. 홍콩의 대표 사원 4곳을 소개한다.

사원 위치	**종교** 건립	**특징** **관람 팁**
웡타이신사원 (黃大仙祠) 웡타이신 (구룡반도)	**도교** 1921년	· 홍콩 도교 사원 중 최대 규모 · 기도 효험 높은 사원으로 유명 · 운 좋으면 도교식 전통 혼례 엿볼 수 있음 · 연말연시, 설 전날 특히 붐빔
포린사원 (寶蓮禪寺) 옹핑 (란타우섬)	**불교** 1906년	· '대불'이라 불리는 34m 높이의 청동 좌불(무게 250톤) · 채식 식당 운영 · 사찰 앞까지 케이블카로 이동 · 란타우섬과 남중국해 전망
만모사원 (文武廟) 셩완 (홍콩섬)	**도교** 1847년	· 홍콩에서 가장 오래된 도교 사원 · 문신 '문창제군'과 무신 '관우'를 모시는 사원 · 시험, 진급을 앞둔 홍콩인의 기도처 · 붓 조형물 만지면 시험에 붙고, 청룡언월도 조형물 만지면 사업에 성공한다는 미신 있음 · 장국영 화보 촬영지로도 유명
치린수도원 (志蓮淨苑) 다이아몬드힐 (구룡반도)	**불교** 1934년	· 난리안 가든과 붙어있음 · 중국식 수상 누각 등 화려한 건축 · 채식 식당 운영 · 난리안 가든과 함께 돌아보려면 1시간 이상 소요 · 주말 심하게 붐빔

PART 2

홍콩의 미식을 말하다

Google Maps
ifc

中国光大
DBS

和昌大押
RESTAURANT
第九屆全港運動會
THE 9TH HONG KONG GAMES
84
FIVE GUYS
BAU

©안충기

©안충기

광둥식 파인다이닝 fine dining

룽킹힌

틴룽힌

만와

만호

체어맨

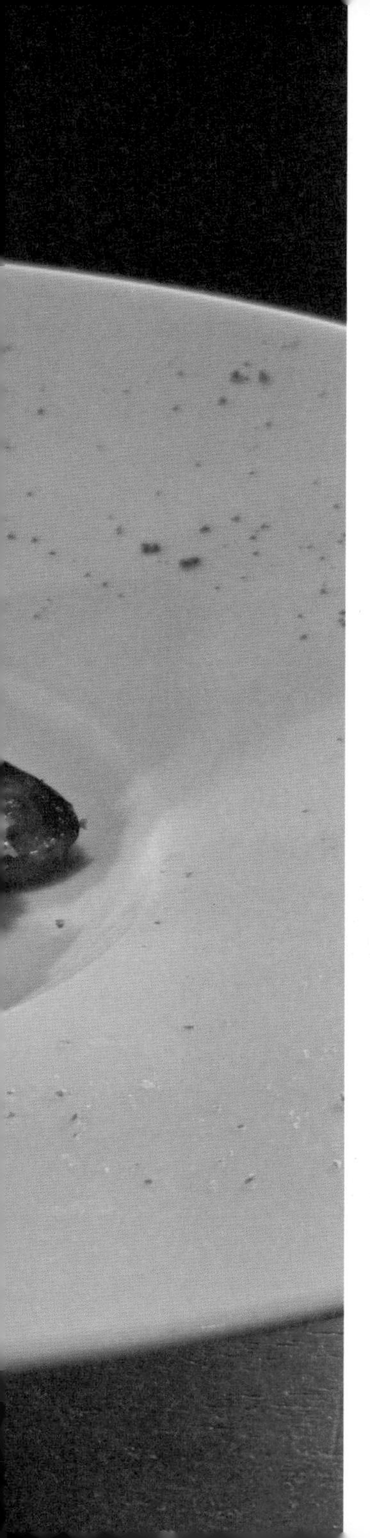

광둥 요리로 경험하는 최고급 파인다이닝의 세계

홍콩은 세계적인 미식 도시다. '미쉐린 가이드'가 증명한다. 2024년 현재 홍콩에는 78개 미쉐린 스타 레스토랑이 있다. 인구(약 734만 명)는 서울(약 934만 명)보다 훨씬 적은데, 별 식당 개수는 서울(32개)의 두 배가 넘는다. 3스타가 7개, 2스타가 12개, 1스타가 59개다. 미쉐린 별점이 절대적인 기준은 아니라지만, 솔직히 그만한 기준도 없다.

홍콩이 동서양 문화가 뒤엉킨 국제도시라지만, 홍콩의 음식문화는 뿌리가 굳건하다. 뿌리는 아시다시피 중국 본토 남부 지역의 향토 요리, 콕 집어서 광둥 요리다. '미쉐린 가이드'도 인정한다. 현재 홍콩의 78개 미쉐린 스타 레스토랑 가운데 광둥 요리 전문점이 28개다. 전체의 36%를 차지해 비중이 가장 높다. 심지어 광둥 요리의 원조라 할 수 있는 광둥성의 성도 광저우보다 광둥 요리로 미쉐린 스타를 받은 식당이 8개 더 많다.

홍콩 미쉐린 스타 많이 받은 요리는?

단위 : 개, 총 78개 미쉐린 스타 식당 기준
자료 : '미쉐린 가이드 홍콩 · 마카오 2024'

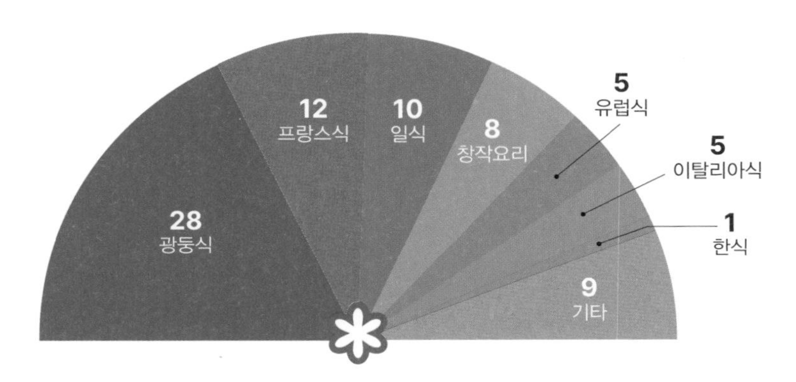

그래픽에서 '창작요리(Innovative)'는 창의성과 혁신성을 강조한 요리, '유럽식'은 '프랑스식'과 '이탈리아식'을 제외한 유럽 요리를 가리킨다.

'미쉐린 가이드 홍콩 · 마카오'에 선정된 영광의 얼굴들. ©미쉐린 가이드

광둥 요리는 특징이 분명하다. 신선한 해산물과 바비큐 요리가 발달했고, 양념 맛보다 식재료 본연의 맛을 추구한다. 홍콩 1세대 음식 평론가 잔몽얀(陳夢因) 선생도 '식경(食經)'에서 "깨끗함, 신선함, 음식 자체의 맛을 보존하는 것이 광둥 요리의 핵심"이라고 요약한 바 있다. 전 세계에서 최고급 식재료가 모이는 홍콩에서 광둥 요리가 만개한 건 어쩌면 당연한 전개다.

홍콩은 피란민의 땅이다. 19세기 아편전쟁, 20세기 국공 내전을 거치며 광둥성을 비롯한 중국 남부 지역에서 수백만 명이 홍콩으로 떠밀려 왔다. 그때 광둥 요리도 홍콩섬에 상륙했다. 그 광둥 요리가 아직도 홍콩에서 지배적인 지위를 유지한다는 건 시사하는 바가 있다. 100년이나 영국의 지배를 받았어도 입맛을 좌우하는 유전자는 면면히 내려왔다는 뜻이어서다.

홍콩백끼는 홍콩의 미쉐린 스타 레스토랑 18곳을 현장 취재했다. 그중 광둥 요리 테마의 파인다이닝 레스토랑은 5곳이다. 하나 같이 광둥 요리를 한 차원 높은 경지로 끌어올렸다는 평가를 받는 명가들이다. 중식 최초로 미쉐린 3스타를 받은 중식당, 102층 스카이라운지에서 홍콩 마천루를 내려다보는 호화 중식당, 오로지 향토 식재료만으로 승부를 보는 중식당 등 홍콩을 대표하는 광둥 요릿집을 두루 찾았다. 한 곳 한 곳 섭외하느라 진땀 좀 뺐다.

룽킹힌 ✿✿

046

광둥식 파인다이닝의 전설

새우알을 올린 해물 만두. 중식 최초로 미쉐린 3스타에 오른 '룽킹힌'의 간판 메뉴다. ©백종현

"룽킹힌이 처음으로 3스타를 잃었다."

2023년 '미쉐린 가이드 홍콩·마카오'가 발표되자 홍콩 매체들이 앞다퉈 뽑은 헤드라인이다. 미쉐린 2스타도 감지덕지한데, 별 하나 잃었다고 야단법석이라니. '룽킹힌'이 어떤 식당이길래 이 호들갑이었을까.

전복 퍼프와 포크 번. 포크 번은 전통 빵 '보로바오(파인애플 번)'를 돼지고기 바비큐와 잣으로 꽉 채웠다. ©백종현

룽킹힌은 긴 설명이 필요 없는 식당이다. 전 세계에서 최초로 미쉐린 3스타를 받은 중식당. 이 한 줄이면 충분하다. '미쉐린 가이드 홍콩·마카오'가 처음 출간된 2009년 홍콩 유일의 3스타 레스토랑에 등극했고, 2022년까지 14년 연속 3스타를 유지했다. 그 전설의 룽킹힌이 최고 자리에서 내려왔다는 건, 홍콩 입장에서 자존심 상하는 사건이었다. 2023년 이후 룽킹힌은 이태 내리 2스타에 머물러 있다.

룽킹힌을 상징하는 인물이 있다. 광둥 요리의 대가 찬얀탁(陳恩德) 셰프다. 찬얀탁 총괄 셰프는 2004년부터 오늘까지 룽킹힌 주방을 지휘하는 단 한 사람이다. 정식 교육을 일절 받지 못한 채 13세에 요리를 시작해 미쉐린 3스타 셰프까지 오른 입지전적인 인물로, 홍콩의 광둥 요리 신에서 '큰 스승'으로 불린다.

'룽킹힌'의 찬얀탁 총괄 셰프. 14년간 미쉐린 3스타를 유지한 레전드 요리사다. ©백종현

©백종현

포시즌스 호텔 홍콩 4층의 룽킹힌을 방문했다. 빅토리아 하버가 한눈에 펼쳐지는 탁 트인 전망, 기품 느껴지는 목제 가구와 중국풍 인테리어가 세계 최고의 중식당다웠다. 룽킹힌의 대표 메뉴 중 애피타이저 3종 세트와 딤섬 세 종류 그리고 볶음밥을 주문했다. 상차림은 기대보다 간결했다.

애피타이저 3종 세트 중에서 랍스터 넣은 천균이 가장 기억에 남는다. 향긋한 바다 향이 감도는 게, 푸석거리기만 했던 한국 천균과 차원이 달랐다. '봄을 둘둘 말다(春卷)'라는 이름이 아깝지 않은 맛이었다. 가격은 만만치 않았다. 360HKD, 약 6만6000원이다. 다음으로 룽킹힌의 인기 딤섬 '전복 페이스트리(99HKD·1만8000원)'를 시도했다. 얇은 페이스트리 위에 다진 닭고기와 버섯,

빅토리아 하버를 내다보며 고급 광둥 요리를 맛본다. ©백종현

통으로 구운 전복을 올렸는데, 씹을 때마다 다른 향과 맛이 밀려왔다.

또 다른 인기 딤섬 '포크 번(96HDK·1만7500원)'은 전통 빵 '보로바오(菠萝包·파인애플 번)'를 돼지고기 바비큐와 잣으로 꽉 채웠다. 룽킹힌 관계자가 "포크 번은 팀호완이 유명한데, 사실은 룽킹힌이 원조"라고 귀띔했다. 홍콩을 대표하는 글로벌 딤섬 기업 '팀호완'의 막콰이푸이 오너 셰프가 바로 룽킹힌 출신이다. 설명을 들어서 그런지, 팀호완의 포크 번보다 더 입에 감기는 듯했다.

어렵사리 찬얀탁 총괄 셰프를 만났다. 긴 시간 대화는 어려웠으나 몇 마디 들을 수 있었다. 아래에 대가의 말씀을 그대로 옮긴다.

"요리에 황금 비율이나 지름길은 없다. 어떤 음식도 하나하나가 시간과 정성 그리고 기술이 필요하다. 나는 미니멀리스트다. 플레이팅보다 음식 자체가 중심이 되어야 한다. 중화요리가 뭐냐고? 다른 것 없다. 따뜻해야 맛있다."

Lung King Heen
룽킹힌 龍景軒

4F, Four Seasons Hotel Hong Kong, 8 Finance St, Central
딤섬, 해물 볶음밥

틴룽힌 ✿✿

047

광둥 요리의 정점

홍콩 최고층 ICC빌딩 102층에 자리한 미쉐린 2스타 레스토랑 '틴룽힌'. 홍콩 앞바다가 한눈에 내려다보인다. ©백종현

"광둥 요리의 정점(頂點)."

홍콩에서 리츠 칼튼 호텔 홍콩의 중식 레스토랑 '틴룽힌'을 수식하는 상용어구다. '정점'에는 두 가지 의미가 있다. 하나는 홍콩에서 가장 높은 빌딩인 국제상업센터(ICC·454m) 102층에 자리해서이고, 다른 하나는 정통 광둥 요리로 2003년부터 12년 연속 미쉐린 2스타를 받고 있어서다. 틴룽힌은 홍콩에서 콧대 높기로 유명하다. 하루에도 외국인 수천 명이 드나드는 국제상업센터 꼭대기에서 트렌디한 디저트나 퓨전 요리 하나도 없이 애오라지 광둥 요리만 고집하는 레스토랑이어서다.

틴룽힌의 폴 라우 셰프는 홍콩 미식 신에서 알아주는 완벽주의자다. 홍콩 백끼 앞에서도 "주방은 디즈니랜드가 아니다. 당연히 기쁠 때보다 힘들 때가 많다. 더 완벽한 불맛을 내고 싶으면 끝없이 노력해야 한다"고 여러 차례 강조

'틴룽힌'의 폴 라우 셰프. 정통 광둥 요리만 고집하는 요리사로 유명하다. ©백종현

중국술과 계란 흰자를 곁들인 게발찜. ©백종현

광둥식 연잎밥 '짠쭈까이'. ©백종현

했다. 폴 라우는 광저우·베이징·상하이·두바이·영국 등에서 30년 넘게 경력을 쌓았고, 틴룽힌 주방은 2011년부터 지휘하고 있다.

"전통에 따른 요리 기법과 최소한의 플레이팅이 내 요리의 핵심이다. 퓨전 요리, 손님 취향에 맞춘 요리, 현지화한 요리를 광둥 요리라고 할 수 있을까? 요리에서는 손님이든 가게 주인이든 누구와도 타협하면 안 된다."

중국술과 계란 흰자를 곁들인 게발찜, 스페인 이베리코 흑돼지의 어깨살로 만든 차씨우, 광둥식 연잎밥 '짠쭈까이(珍珠雞)', 전복·관자·새우를 올린 딤섬 등 메뉴 하나하나가 섬세하고 정갈했다. 무엇보다 102층 창가 자리에서 홍콩의 마천루와 빅토리아 하버를 까마득히 내려다보며 딤섬을 입에 넣을 때 기분은 어디에서도 경험할 수 없는 것이었다. 점심 코스는 618HKD(약 11만원·10% 봉사료 별도), 미쉐린 코스는 1888HKD(약 34만원·10% 봉사료 별도)다.

Tin Lung Heen
틴룽힌 天龍軒

102F, The Ritz-Carlton Hong Kong(ICC),
1 Austin Rd W, Tsim Sha Tsui

딤섬, 차씨우

만와

048

접시 위의 예술

만다린 오리엔탈 호텔의 '만와'는 홍콩의 고급 광둥 요리 역사를 스스로 증명하는 레스토랑이다. 1968년 문을 열어 반세기가 넘는 역사를 이어온다. 5성 호텔과 고급 레스토랑이 즐비한 홍콩에서도 만와는 럭셔리 레스트랑으로 꼽힌다. '미쉐린 가이드'는 "분위기와 인테리어로 별을 주지는 않는다"고 공공연히 밝히지만, 만와에만은 "우아하고 현대적이며 세련된 실내, 새장 모양의 샹들리에와 블루 테마의 인테리어가 조화롭다"는 감상을 남겼다. 2014년부터 11년 연속 미쉐린 1스타를 유지하고 있다.

만와는 식당만 호화로운 게 아니다. 음식도 호화스럽다. 홍콩백끼가 취재한 광둥 요리 미쉐린 스타 레스토랑 중에서 만와 상차림이 제일 화려했다. 음식이 나올 때마다 이벤트가 연출됐는데, 가장 극적인 장면은 펑리수(鳳梨酥) 과자가 나올 때 연출됐다. 셰프가 펑리수 과자 접시를 테이블에 내려놓자 접시 밑에서 드라이아이스가 뿜어져 나왔다. 홍콩원정대 모두 포크를 내려놓고 뜻밖의 쇼를 감상했다.

만와의 웡윙켱(黃永強) 셰프는 홍콩에서 천재 셰프로 불린다. 21세부터 주

참깨 롤과 계수나무꽃 롤. '만와'에서만 맛볼 수 있는 시그니처 디저트다. ©권혁재

'만와'의 시그니처 디저트. 장기판 접시에 올린 '평리수' 과자. ©권혁재

방장 직함을 달고 홍콩의 주요 식당을 섭렵했다. 웡윙켱은 "만다린 오리엔탈 호텔은 외국인 손님의 비중이 높은데, 그들에게 정통 광둥 요리가 얼마나 맛있고 멋진 음식인지 알려주고 싶다"고 말했다.

만와 주방을 잠깐 지켜봤다. 마침 셰프 3명이 접시 하나에 달라붙어 플레이팅을 하고 있었다. 시그니처 메뉴인 '금붕어 만두'를 만드는 중이었다. 웡윙켱이 "가장 완전한 온도의 요리를 내기 위해 셰프 3명이 각자 만든 요리를 동시에 그릇에 담는다"고 설명해 줬다. 금붕어처럼 생긴 새우만두 2개, 바위 모

'만와'의 간판 메뉴 금붕어 만두. 금붕어처럼 생긴 것이 새우 만두다. 랍스터와 성게, 곰보버섯으로 바위 모양을 만들었다. ©권혁재

'만와'의 웡윙켱 셰프. 21세부터 주방장 직함을 달고 홍콩의 주요 식당을 섭렵한 인물이다. ©권혁재

양을 낸 랍스터와 성게, 곰보버섯이 에메랄드 빛깔의 수프에 적절히 배치됐다. 플레이팅이 끝나니 딤섬 접시가 금붕어 노니는 연못으로 변신했다. 점심 코스는 768HKD(약 14만원·10% 봉사료 별도), 저녁 코스는 1888HKD(약 34만원·10% 봉사료 별도)다.

Man Wah
만와 文華廳

25F, Mandarin Oriental Hong Kong,
5 Connaught Rd Central, Central
금붕어 만두, 닭 소금 구이

만호 ✿

049

젊지만 노련하다

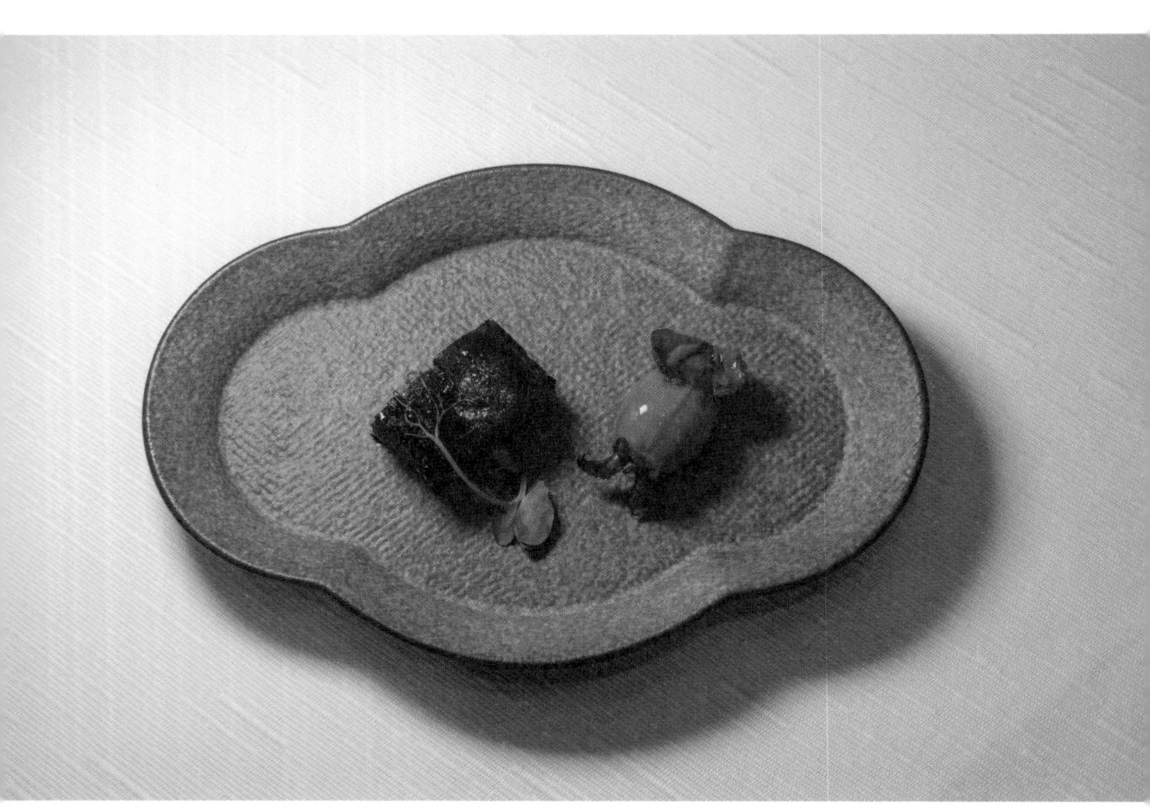

차씨우와 갑오징어. ©백종현

'만호'의 제이슨 탕 총괄 셰프. ©백종현

JW 메리어트 호텔의 '만호'는 젊은 미쉐린 스타 레스토랑이다. 2021년 처음 1스타를 받았고, 2024년까지 4년 연속 1스타를 지키고 있다. 만호가 젊은 레스토랑으로 불리는 건, 2016년 30세에 총괄 셰프에 오른 제이슨 탕 덕분이다. 2021년 35세 청년 셰프의 식당이 정통 광둥 요리로 미쉐린 별을 따자 홍콩 미식계가 들썩거렸다. '미쉐린 가이드'는 만호를 "젊지만 노련하다"고 소개했다.

"열 살 때 내 손으로 만든 샌드위치와 밀크티가 처음 손님상에 올랐으니까 요리 경력이 30년이 돼간다. 아버지께서 다이파이동(홍콩식 포장마차)을 하셨다. 나를 등에 업고 장사를 하셨다더라. 다이파이동 하면 민소매와 반바지 차림의 길거리 요리사가 떠오르겠지만, 내 아버지는 늘 깨끗하게 다린 셔츠에 구두를 신고 웍을 잡으셨다. 아버지는 늘 '환경이 더러워도 요리는 깔끔해야 한다' '경쟁은 신경 쓰지 말고 음식에만 집중하라'고 말씀하셨다. 그 말씀을 지키려고 노력한다."

만호에서 기억에 남는 음식은 말린 농어 부레와 해삼 요리다. 농어 부레 구이는, 말린 부레에 수시로 물을 부어가며 1주일간 불린 뒤 팬에 구운 음식

말린 해삼을 불린 뒤 가리비로 속을 채워 튀긴 '충샤오하이선'. 랍스터 소스를 듬뿍 뿌려 올린다. ©백종현

천균. ©백종현

농어 부레 구이. ©백종현

이다. 식감이 한우 살치살처럼 살살 녹았다. 부레를 아몬드와 치킨으로 만든 소스에 푹 찍어 먹으니 다른 음식처럼 풍미가 확 돌았다. 말린 해삼을 불린 뒤 가리비로 속을 채워 튀긴 '충샤오하이선(葱烧海参)'에는 랍스터 소스가 딸려 나왔다. 해삼과 가리비와 랍스터가 빚어내는 바다 향이 입안에서 춤을 췄다. 8코스 1880HKD(약 34만원).

홍콩의 건어물 사랑은 왕육성 사부로부터 익히 들은 바 있다. 왕 사부는 "홍콩은 물론이고 중국에선 해산물을 대부분 말려서 쓴다. 부레·샥스핀·해삼·제비집 모두 일단 말린 다음 다시 불려서 요리한다. 그러면 맛과 향의 깊이가 달라진다"고 알려줬었다. 그 미묘한 차이를 만호에서 만끽했다.

Man Ho Chinese Restaurant
만호 萬豪金殿

3F, JW Marriott Hotel Hong Kong,
88 Queensway, Admiralty

해삼 튀김, 농어 부레 구이, 천균

체어맨 ✻

050

답은 식재료에 있다

'체어맨'의 게찜. 10년 숙성한 소흥주와, 닭기름·생강·파 등을 넣고 게를 찐 다음, 쌀국수와 함께 접시에 올린다. ©백종현

전채 요리로 나온 '차씨우'. 돼지 귀밑살을 사용했다. 달지 않고 고소한 맛이 탁월하다. ©백종현

센트럴의 '체어맨'은 홍콩 사람이 정통 광둥 요리를 떠올릴 때 제일 먼저 꼽는 식당이다. 전통 레시피를 고수할 뿐 아니라, 모든 식재료를 홍콩과 중국 남부 지역에서 가져온 것만 쓴다. 체어맨 오너 셰프 대니 입의 요리 철학을 요약하면 다음과 같다.

"중식은 기본적으로 온 가족이 모여 앉아 나눠 먹는 문화다. 닭 한 마리든 생선이든 통째로 올리지, 토막 내 예쁘게 담지 않는다. 장식 측면에서 약점이 있기 때문에 결국 중식은 식재료와 맛의 깊이로 승부할 수밖에 없다."

체어맨은 2021년 중식 최초로 '아시아 베스트 50 레스토랑'에 오른 명가다. 2024년에는 오너 셰프 대니 입이 광둥 요리의 가치를 세계에 알린 공로로 '아시아 베스트 50 레스토랑 2024'에서 올해의 인물(아이콘상)로 뽑히기도 했다. 체어맨의 미쉐린 별점은 1스타다. 2021년 별 하나를 받은 이후 4년째 지키고 있다.

화려한 커리어와 달리 체어맨의 메뉴판은 단출하다. 5코스 구성의 '오늘의 메뉴'만 있다. 오마카세처럼 계절에 따라 메뉴 구성이 조금씩 달라진다. 체어맨이 자랑하는 메인 요리가 게찜이다. 조개 즙에 10년 숙성한 소흥주를 붓고 닭기름·생강·파 등을 잔뜩 넣고 게를 찐 다음 납작한 쌀국수와 함께 접시에 담은 음식이다. 게는 매일 아침 홍콩섬 애버딘(香港仔)의 수산시장에서 가져

광둥식 마늘 당면 가리비찜. ©백종현

온다. 게살을 육수에 찍어 입에 넣었더니, 향긋한 게살 향이 한꺼번에 넘어왔다. 한국에도 게찜 잘한다는 집이 널렸지만, 풍미가 전혀 달랐다.

전채 요리로 나온 '차씨우'도 탁월했다. 차씨우는 보통 돼지 어깨살이나 삼겹살을 사용하는데, 체어맨은 돼지 귀밑살만을 고집한단다. 대니 입은 "귀밑살이 살짝 질긴 부위인데, 지방과 살이 적당히 어울려 잘 구우면 절정의 식감을 느낄 수 있다"고 설명했다. 7년 숙성의 '장미설탕'을 두루 발라 약한 불에서 2시간 동안 굽는데, 일반 차씨우와 때깔부터 다르다. 요즘 홍콩에서는 달짝지근한 차씨우가 늘고 있다. 시판 양념을 쓰는 가게가 많아지면서다. 체어맨의 차씨우는 달지 않았다. 대신 고소했다.

체어맨을 경험하고 싶으면 비행기 티켓보다 식당부터 먼저 예약하는 게 맞을 수도 있겠다. 원하는 날에 방문하려면 최소 네 달 전에는 예약을 해야 한다. 점심은 1080HKD(약 19만5000원·10% 봉사료 별도), 저녁은 1380HKD(24만9000원·10% 봉사료 별도)다.

The Chairman
체어맨 大班樓

3F, The Wellington, 198 Wellington St, Central
게찜, 차씨우, 뽀짜이판

'체어맨'의 대니 입 오너 셰프. ©백종현

'체어맨'의 음식을 맛보려면 적어도 네 달 전에는 예약을 해야 한다. ©백종현

골목 식당 Street Eatery

얏록 씨우오

깜파이 씨우오

로프 온

홍콩 골목길
미쉐린

홍콩에서 깨진 편견 중에 가장 극적인 편견은 미쉐린 별점에 관한 것이다. 한국에서 미쉐린 별점은 파인 다이닝 레스토랑과 동의어처럼 구사되는데, 홍콩에서는 적용 범위가 훨씬 크고 넓었다. 서양 입맛 따위는 개의치 않고 전통 식재료와 레시피만 고집하는 정통 광둥 요리집 중에도 미쉐린 별을 걸고 장사하는 식당이 여러 곳이었다. 처음에는 편견이 깨져 좋다고 생각했으나, 생각하면 할수록 의심이 들었다. 혹시 '미쉐린 가이드'는 홍콩에만 너그러운 것이 아닐까.

홍콩백끼의 의심은 단순한 팩트에서 비롯한다. 홍콩의 미쉐린 스타 레스토랑 중에 1만원짜리 밥집이 있다. 한국에선 상상도 못 할 일이다. 아주 특별한 한 집만 별을 받았다면 그만한 사연이 있겠지 하고 넘어갈 수 있다. 그런데 홍콩에는 1만원대 바비큐집, 1만원대 국숫집, 1만원대 선짓집이 미쉐린 별을 달고 장사한다(환율이 올라 그렇지 얼마 전까지도 1만원이 안 됐다). 다시 양보해서, 운이 좋아 한 번은 받을 수 있다 치자. 그러나 이 낡고 허름하고 지저분한 소위 미쉐린 스타 식당(아, 레스토랑이라고 도저히 못 쓰겠다)들은 기본으로 10년씩 별을 달고 산다.

우리네 노포도 홍콩 노포 못지않게 역사와 전통이 있고 자부심이 대단하다. 우리네 칼국숫집, 순댓국집, 김치찌개집도 별을 거는 날을 기약하며 홍콩의 미쉐린 스타 골목 식당을 소개한다. 시기와 질투 그리고 부러움을 빼고 말하면, 1만원으로 누리는 일생의 밥상을 경험했다고 고백하지 않을 수 없다.

얏록 씨우오

051

만원의 행복

큼지막한 거위 다리 구이가 올라가는 국수 요리 '씨우오라이판'. 미쉐린 1스타 씨우오 전문점 '얏록 씨우오'의 시그니처 메뉴다. ©백종현

가게 입구에 아무렇게나 쌓인 쌀 포대와 기름통, 덕지덕지 기름때 눌어붙은 식당 벽, 손님의 동선을 무시하고 다닥다닥 붙인 테이블과 의자…. 밥 먹으러 들어가도 되나 주저하게끔 하는, 홍콩 뒷골목의 전형적인 식당 풍경이다. 이런 식당은 들어가서도 곤욕을 치르기 일쑤다. 물은 따로 돈을 내야 하고, 티슈도 4HKD(700원)를 내야 갖다준다. 신용카드는 당연히 사절이다. 빈자리

'얏록 씨우오'는 영업 시간 내내 줄이 이어진다. 가게도 작고 테이블도 적어 합석이 기본이다. ©백종현

생기면 잽싸게 엉덩이 걸치고 앉아 생판 모르는 남과 어깨 붙인 채 쉴 새 없이 질러대는 직원들의 고함 견뎌내며 음식을 넘겨야 한다.

홍콩섬 센트럴 뒷골목의 거위구이집 '얏록 씨우오'도 딱 이렇다. 여행자로서 이해하기 힘든 건, 수많은 홍콩 사람이 앞서 나열한 불편함과 불쾌함에도 아랑곳하지 않고 최소 30분 이상 식당 밖 대기를 감내한다는 사실이다. 어느 때 가도 상관없다. 이 집 앞에는 온종일 긴 줄이 늘어선다. 이해하기 힘든 사실이 하나 더 남았다. 이 불결하고 불친절한 골목 식당이 무려 미쉐린 레스토랑이다. '미쉐린 가이드'가 가성비 좋은 식당에 부여하는 '빕 그루망' 레스토랑이 아니라 엄연한 1스타 레스토랑이다. 얏록 씨우오는 2015년 처음 미쉐린 별을 단 이래 2024년까지 10년째 1스타를 유지 중인 홍콩의 대표 거위 구이 전문점이다.

얏록 씨우오는 광둥식 바비큐 요리 '씨우메이'를 전문으로 하는 씨우띰(小店), 문자 그대로 작은 가게다. 1957년 문을 열었는데, 상호에 내건 '씨우오'가 간판 메뉴다. 씨우오는 각종 양념으로 속을 채운 거위를 화로에 넣고 구운 요리다. 홍콩의 여느 거위구이집처럼 얏록 씨우오 입구에도 커피빛으로 그을린 거위가 주렁주렁 걸려 있다.

얏록의 씨우오는 겉바속촉의 결정체다. 구이 자체로도 먹고 덮밥으로도 즐기는데, 라이판(쌀국수의 한 종류)에 거위 고기를 고명처럼 얹어 먹는 '씨우오라이판(燒鵝瀨粉)'이 최고 인기 메뉴다. 거위 대가리와 거위 기름을 넣고 팔팔 끓인 육수로 국물을 내는데, 구수한 것이 한국인 입맛에도 잘 맞는다. '미쉐린 가이드'는 얏록의 씨우오를 "비밀 레시피로 양념한 거위를 20가지 이상의 준비 단계를 거쳐 숯불에서 완벽하게 구운 맛"이라고 소개했다.

거위 다리를 통째로 올린 씨우오라이판은 179HKD(약 3만4000원), 그보다 고기가 작은 '보통'은 143HKD(약 2만7000원)다. 포장하면 63HKD(1만2000원·보통)만 받는다. 단돈 1만원에 미쉐린 1스타를 즐기는 셈이다.

Yat Lok Restaurant (Central)
얏록 씨우오 一樂燒鵝

34-38 Stanley St, Central
씨우오라이판

깜파이 씨우오

052

거위 선지에 반하다

←
미쉐린 1스타 '깜파이 씨우오'의 간판 메뉴 거위 구이(반 마리). 달짝지근하면서도 부드러운 식감이 매력적이다. ©백종현

씨우오, 그러니까 광둥식 거위 구이 하면 홍콩에서 두 집을 꼽는다. 앞서 소개한 센트럴의 '얏록 씨우오'와 센트럴 옆 동네 완차이의 '깜파이 씨우오'. 두 가게는 서로 연관 검색어이자 라이벌이다. 우리네 평양냉면계에 우레옥파와 의정부파(필동면옥·을지면옥)가 있듯이, 홍콩 씨우오계에는 얏록파와 깜파이 파가 있다.

두 씨우오 명가는 차이점이 분명하다. 얏록이 을지로 뒷골목의 낡은 노포면, 깜파이는 대로변의 단정한 레스토랑이다. 얏록은 비좁고 시설이 낙후해 호불호가 갈리는데, 널찍한 편인 깜파이는 테이블 간격도 넉넉해 얏록과 같은 불편함이 없다. 물론 깜파이도 합석은 기본이다. 그래도 등받이 있는 폭신한 의자에 앉아 옆 사람 신경 안 쓰고 음식에 집중할 수 있다. 얏록이나 캄파이나 언제 가든 30분 이상 대기는 각오해야 한다.

깜파이는 전설적인 씨우메이 전문점 '융키'와 한 식구다. 융키를 기억하시는지. '이색 요리' 챕터에서 젖먹이 돼지 통구이 맛집으로 소개한 적이 있다. 그 융키 창립자의 손자 하디 캄이 2015년 연 가게가 깜파이다. 깜파이는 개장

6개월도 안 돼 미쉐린 별을 달았고, 2024년까지 10년 내리 미쉐린 1스타를 유지하고 있다.

홍콩에서 만난 맛 칼럼니스트 릉카쿠엔(梁家權)은 “거위 통구이 안쪽에 밴 기름만큼 완벽한 조미료도 없다”고 말한 바 있다. 씨우오의 맛은 고기 안쪽에 밴 진한 기름이 좌우한다는 뜻이다. 릉카쿠엔의 기준을 따르면, 깜파이의 씨우오가 얏록보다 윗길이다. 깜파이의 씨우오는 얏록의 씨우오보다 껍질이 덜 바삭했지만, 육즙과 풍미가 훨씬 진했다. 지방 함량이 많은 3㎏ 미만의 덜 자란 거위만 사용해서란다. 씨우오 몇 점만 먹었는데도 입 주위가 반질반질 빛났다.

‘미쉐린 가이드’가 ‘살살 녹는다’는 표현을 써가며 극찬한 메뉴가 있다. ‘구스 블러드 푸딩(鵝紅)’, 바로 거위 선지다. 깜파이에서 거위 선지를 처음 먹어봤는데, 여태 이 맛을 모르고 산 게 원통할 정도로 부드럽고 담백했다. 깜파이의 거위 선지를 먹고 돌아온 뒤, 해장국에 들어간 소 선지를 아직도 못 먹고 있다. 퍽퍽해서 도저히 들어가지 않는다. 씨우오 반 마리 330HKD(약 6만2000원), 거위 선지 70HKD(약 1만3000원), 거위 간 60HKD(약 1만1000원).

Kam's Roast Goose
깜파이 씨우오 甘牌燒鵝

226 Hennessy Rd, Wan Chai
씨우오, 거위 선지, 거위 간

'깜파이 씨우오'의 주방 풍경. 아래 사진의 거위 선지는 '미쉐린 가이드'가 살살 녹는다고 극찬한 음식이다. ©백종현

로프 온

053

바다 향을 품었다

사이쿵 항구의 풍경. 온갖 갯것을 실은 고깃배가 부둣가에 가득 정박해 있다. 해산물을 손질해 조리해 주는 식당도 부두 앞에 널렸다. ©백종현

홍콩 지도를 보자. 구룡반도 동쪽 끄트머리에 불쑥 튀어나온 반도 지형이 보이실 테다. '홍콩의 뒤뜰(back garden of Hong Kong)'이라 불리는 사이쿵(西貢)이다. 홍콩에서 유일하게 유네스코 세계지질공원으로 지정된 지역으로, 홍콩 도심 주민의 인기 있는 나들이 장소다. 특히 '사이쿵 컨트리 파크'는 때 묻지 않은 자연이 잘 보전돼 있어 주말마다 인파로 붐빈다. 홍콩 도심에서 멀지도 않다. 주룽반도 중심가에서 자동차로 40~50분 거리다.

사이쿵은 해산물 풍성한 갯마을이다. 사이쿵 항구 부둣가에 어부들의 조각배가 줄지어 정박해 있는데, 어부들이 갓 잡은 해산물을 널어두고 나들이객을 부른다. 부둣가 옆 사이쿵 시푸드 스트리트에도 해산물을 즉석에서 손질해 요리해 주는 식당이 즐비하다. 우리네 소래포구 같은 분위기의 이 갯마을 먹자 골목 안쪽에 미쉐린 스타 식당이 숨어 있다. 해산물 요리 전문 '로프 온'. 2010년부터 15년째 미쉐린 1스타를 보유 중인 갯마을 강자다.

마늘 가리비찜, 갯가재 튀김, 맛조개 볶음. 갓 잡아 싱싱한 해산물 요리를 맛볼 수 있다는 게 '로프 온'의 장점이다. ©백종현

메뉴판을 받았다. 솔직히 특별하다는 인상은 없었다. 홍콩 도심의 다이파이동에도 흔한 해산물 요리가 대부분이었다. 이 중에서 세 개를 골랐다. 갯가재 튀김과 마늘 가리비찜과 맛조개 볶음. 음식이 나왔지만, 여전히 아쉬웠다. 갯마을의 넉넉한 인심을 기대했었는데 양이 인색했다.

그래도 다른 건 있었다. 한입 베어 물었을 때 입안을 확 감돈 바다 향이다. 로프 온의 해물 요리는 양념이 약했는데도 감칠맛이 도드라졌다. 소스로 맛을 내는 도심 다이파이동의 해물 요리와는 차원이 달랐다. 무엇보다 식재료 고유의 식감이 하나하나 전해졌다. 갯가재는 "갯가재 들어갑니다", 가리비는 "가리비 들어갑니다", 맛조개는 "맛조개 들어갑니다"하고 저마다 신고하는 듯했다. "놀랍도록 신선하다"고 남긴 '미쉐란 가이드' 평에 온몸으로 동의하며 해물 요리를 흡입했다. 식재료 본연의 맛을 살리는 건 광둥 요리의 핵심이다. 그 광둥 요리의 한 경지를 홍콩의 갯마을에서 경험했다. 추천 메뉴로는 2인 해산물 요리 세트(1488HKD · 약 28만3000원 · 봉사료 포함)가 있다.

Loaf On
로프 온 六福菜館

49 See Cheung St, Sai Kung
마늘 가리비찜, 맛조개 볶음, 갯가재 튀김

그린 스타 식당 Green Star

모라

퇴유

로가닉

미쉐린이 인정한 친환경 식당

요즘 미식 업계도 '지속가능성'이 화두다. '미쉐린 가이드'도 2020년 '그린 스타' 부문을 신설해 지구적인 운동에 동참하고 있다.

음식이 뛰어난 식당 중에서도 '지속가능한 미식(sustainable gastronomy)'을 추구하는 식당만이 그린 스타를 받을 수 있다. 그렇다 보니 미쉐린 별보다 그린 스타 받기가 까다롭다는 얘기까지 나온다. 2024년 현재 전 세계 미쉐린 스타 레스토랑은 3500개가 넘는 반면, 그린 스타 레스토랑은 290여 개에 그친다.

지속가능한 미식은 정확히 무엇을 말할까. '미쉐린 가이드'는 "훌륭한 요리 솜씨와 친환경적, 윤리적인 노력을 겸비한 식당. 생산자와 협력해 재료의 낭비를 줄이고, 플라스틱 사용을 최소화한 식당. 그리하여 식도락가와 음식산업 전반에 긍정적인 영향력을 제공하는 식당"이라고 요약한다.

요즘의 '미쉐린 가이드' 평가원은 맛과 서비스만 놓고 심사하지 않는다. 제철 식재료를 사용하는지, 원산지를 추적할 수 있는지, 지역 생산자와 긴밀히 협력하고 있는지, 탄소 배출을 줄이기 위한 노력을 하는지, 음식쓰레기와 폐기물 처리 시스템을 갖췄는지 그리고 이 모든 경험을 손님과 공유하고 있는지까지 꼼꼼하게 따진다.

홍콩의 미쉐린 그린 스타 레스토랑 3곳을 소개한다. 세 식당 모두 '팜투테이블(farm to table · 농장에서 밥상까지)' 가치를 추구한다. 덕분에 음식 하나, 식재료 하나마다 땅의 기운이 느껴진다. 특히 한 곳은 한국인으로서 각별하다. 한국의 콩국수에서 영감을 얻어 대표 메뉴를 개발했다.

©백종현

©백종현

모라 ✿✿

054

콩국수의 재발견

'모라'의 비키 라우 오너 셰프와 초이밍파이 헤드 셰프. ©백종현

셩완 골동품 거리 안쪽에 가게가 있다. ©백종현

비키 라우(Vicky Lau)는 홍콩 미식 신에서 빠뜨릴 수 없는 이름이다. 셩완에 위치한 파인 다이닝 레스토랑 '테이트(Tate)'의 오너 셰프로, 2021년 아시아에서 최초로 미쉐린 2스타를 획득한 여성이다. '미쉐린 가이드'는 비키 라우를 "여성스럽고 세련된 방식으로 중국과 프랑스 미식의 경계를 넘나든다"고 높이 평가했다.

골동품 거리로 유명한 셩완 '어퍼 레스카 길(摩羅上街)' 안쪽에 비키 라우가 2022년 문을 연 골목 식당 '모라'가 있다. 전체 28석의 아담한 식당으로, 오로지 콩 요리만 다룬다. 홍콩의 파인다이닝 업계가 줄줄이 무너졌던 코로나 시대, 한 가지 식재료에 집중한 식당을 고민하다가 건강에도 좋고 맛도 좋은 콩을 선택했단다.

모라는 각양각색의 콩 요리로 가득하다. 두유·두부·된장·콩물·유바 등 어지간한 콩 소재 요리는 다 깔았다. 안정적인 두부 공급을 위해 두부 공장도

(왼쪽 위부터 시계 방향으로) 두유 랍스터 우동, 유바 타르트, 마파두부덮밥, 유바 롤라드. '모라'의 시그니처 메뉴인 두유 랍스터 우동은 한국 콩국수에서 영감을 받아 개발한 음식이다. ©백종현

손수 운영한다. 모라는 버터도 안 쓴다. 발효 두부로 만든 휘핑 콩 크림을 버터 대신에 사용한다. 모라는 2023년 '미쉐린 가이드 그린 스타'에 오른 데 이어, 2024년 1스타 레스토랑에 처음 이름을 올렸다.

모라의 시그니처 메뉴는 두유와 랍스터 육수를 배합한 국물에 차가운 우동 사리를 만 '두유 랍스터 우동'이다. 왠지 익숙하다 싶었는데, 비키 라우가 "한국의 콩국수에서 영감을 받았다"고 귀띔했다.

"서울에서 콩국수를 먹고 반했다. 매끈한 면과 부드러운 국물이 매우 조화로웠다. 홍콩 기후와도 잘 어울리는 음식이라는 생각이 들어 나만의 레시피를 개발하게 됐다."

팔도의 난다 긴다 하는 국숫집에서 여름마다 콩국수를 찾아 먹었지만, 이처럼 부드럽고 산뜻한 콩국수는 처음이었다. 유바로 만든 과자에 두부 치즈와 과일을 올린 유바 타르트, 닭고기와 두부가 조화를 이룬 유바 롤라드(roulade · 둘둘 만 요리), 마파두부 덮밥, 구아바 조림을 곁들인 콩 아이스크림 등 다른 메뉴도 섬세하고, 어여쁘고, 담백하다. 점심 5코스(580HKD · 약 10만8000원 · 10% 봉사료 별도), 저녁 6코스(980HKD · 약 18만2000원 · 10% 봉사료 별도).

Mora
모라

40 Upper Lascar Row, Sheung Wan
두유 랍스터 우동, 유바 타르트, 마파두부 덮밥

푀유 ✿✿

055

한 잎 한 잎 예술처럼

'푀유'의 조리스 루소 총괄 셰프. 오가닉한 재료를 손에 들고 찍자고 부탁하니 큼지막한 호박을 주방에서 가져왔다. ©백종현

비트 퓌레와 루콜라 퓌레가 조화를 이룬 숯불 훈제 비둘기. ©백종현

홍콩섬 센트럴의 '퇴유'는 홍콩의 78개 미쉐린 스타 레스토랑 중에서 가장 젊은 식당이다. 2023년 문을 열었으니 채 두 돌이 안 됐다. 미쉐린 별점은 오픈한 지 1년도 안 돼 받았다. 1스타와 함께 그린 스타를 동시에 석권했다. 주목할 만한 신흥 강자라 할 수 있겠다. 퇴유에 관하여 하나 더 알아둘 게 있다. 퇴유는 홍콩백끼가 취재한 미쉐린 식당 18곳 중에서 상차림이 제일 섬세했다.

퇴유는 프랑스 파리에서 자신의 이름을 딴 2스타 레스토랑을 운영하는 '다

호박 퓌레. ©백종현

비드 뒤땅(David Toutain)'의 첫 해외 브랜드다. 푀유는 프랑스어로 '잎사귀'라는 뜻이다. 이름처럼 푀유는 프랑스식 채식주의 밥상을 낸다. 100% 채식은 아니지만 시금치·당근·호박 따위가 고기와 생선을 밀어내고 밥상의 주인공 노릇을 한다. '미쉐린 가이드'는 "정교하게 다듬어진 프랑스 요리 기술로 '뿌리에서 새싹까지(root-to-shoot)'라는 요리 철학을 선보인다"고 소개했다.

앞서 밝혔듯이 푀유는 섬세한 레스토랑이다. 소소한 아뮤즈 부쉬(한입 크

숯불 훈제 닭새우. ©백종현

기의 전채 요리) 하나도 잎이나 줄기로 플레이팅해 극적인 효과를 준다. 식당 홀은 고가의 와인이나 진귀한 미술품이 아니라 각종 피클과 스코비(콤부차의 재료가 되는 종균) 같은 발효 식품 항아리로 가득하다.

코스 순서도 퇴유만의 단계를 거친다. 프랑스 코스 요리는 보통 '애피타이저~앙트레~디저트~쁘띠푸르'의 순서를 따르는데, 퇴유는 '곡물과 씨앗~뿌리·줄기와 잎~꽃과 과일~근원'으로 코스 순서를 매겼다. 채소는 물론 홍콩산을 쓴다. 홍콩 외곽 지역인 신가이(新界) 같은 농촌에서 받아온다.

퇴유의 음식은 한 장의 사진으로 설명이 쉽지 않다. 모든 메뉴가 메인 요리처럼 화려하고, 꼼꼼하고, 포토제닉하다. 계란 껍데기에 옥수수 거품과 쿠민(향신료의 일종) 시럽, 무예트(계란 반숙에 적셔 먹는 빵 조각)를 올린 아뮤즈부쉬, 겨자씨와 바다포도(녹조류)를 올린 시소(일본 허브) 크래커는 먹기가 아까울 정도로 정교하다. 메인 코스에 해당하는 '뿌리·줄기와 잎' 순서에는 튀긴

미쉐린 1스타 겸 그린 스타 레스토랑 '피유'. 맛의 내공과 플레이팅 솜씨가 전통의 명가 못지 않다. ©백종현

시금치와 당근 퓌레 그리고 한련화 잎으로 감싼 농어 요리, 말린 호박과 사프란을 곁들여 먹는 숯불 훈제 닭새우, 시뻘건 비트 퓌레와 초록의 루콜라 퓌레가 조화를 이룬 숯불 훈제 비둘기 등이 올라왔다.

퓌유의 조리스 루소(Joris Rousseau) 총괄 셰프는 "신선한 지역 채소와 발효 음식이 맛을 좌우한다"고 말했다. 채소 하나도 허투루 버리는 게 없다. 이를테면 당근 껍질은 피클을 만들고, 당근 줄기는 발효해 식초를 담근다. 런치 3코스 588HKD(약 11만1000원), 디너 4코스 1599HKD(약 30만3000원). 10% 봉사료 별도.

Feuille
퓌유

📍 5F, The Wellington, 198 Wellington St, Central
👍 숯불 훈제 닭새우, 개구리 튀김

로가닉 ✿✿

056

전설의 유기농 맛집

'로가닉'의 애덤 캐터럴 헤드 셰프. 바질·라벤더·민트·파슬리 같은 허브가 가게 한쪽을 가득 채우고 있다. ©백종현

©백종현

'지속가능한 미식' 하면 떠오르는 전설적인 인물이 영국 셰프 사이먼 로건(Simon Rogan)이다. 친환경·유기농을 테마로 한 식당을 여러 곳 운영하는데, 잉글랜드 소도시 카트멜에 자리한 '랑클룸(L'Enclume)'이 가장 유명하다. 화학 비료나 농약을 치지 않고 천연 자원만 활용하는 농가를 직접 운영하는 식당으로, 3스타와 그린 스타를 동시에 지닌 전 세계 33개 레스토랑 중 하나다. '미쉐린 가이드'와 함께 세계적 권위를 인정받는 미식 가이드 '라 리스트'에서 2024년 세계 1000개 레스토랑 중 가장 높은 평점(99.5점)을 받았다.

사이먼 로건이 2019년 홍콩에 오픈한 레스토랑이 코즈웨이베이에 있는 '로가닉'이다. 본인 이름과 유기농(organic)을 합성한 이름에서 알 수 있듯이 로가닉은 사이먼 로건의 요리 철학을 재현한 공간이다. 바질·라벤더·민트·파슬리 같은 허브를 직접 키우고, 다른 식재료는 유기농법을 고수하는 지역 농장과 수산시장에서 직접 받아온다. 식당 오픈 이듬해인 2020년 1스타에 올랐고, 그로부터 2년 뒤 그린 스타를 추가했다. '미쉐린 가이드'는 "간단하지만, 셰프의 철학과 정신이 반영돼 있고, 놀라운 식감과 맛으로 꽉 차 있다"고 평가했다.

'당근 절임과 고등어를 올린 당근 타르트' '닭 지방과 절인 호두로 요리한 제철 윈난(云南) 감자' '당근과 무화과 식초를 곁들인 14일 건조 숙성 오리 바비큐' '훈제 어란과 버터 밀크를 잔뜩 부은 홋카이도(北海道)산 가리비' 등 메뉴판만 읽어도 호기심이 솟고, 정성 어린 요리 과정이 읽힌다. 로가닉의 시그니처 메뉴는, 로건의 3스타 레스토랑 랑클룸에서도 인기가 높은 '트러플 푸딩'이다. 납작하게 누른 크루아상을 트러플을 가미한 자작나무 수액에 넣어 볶은

유기농 치즈를 눈처럼 수북하게 올린 트러플 푸딩과 무알코올 칵테일이 시그니처 메뉴다. ©백종현

14일 건조 숙성한 오리 바비큐. 당근과 무화과 식초를 곁들였다. ©백종현

다음 유기농 치즈를 눈처럼 수북하게 올렸다. 트러플과 치즈의 풍미가 풍부했고, 크루아상의 바삭한 식감도 생생했다.

로가닉에서 빠뜨리면 안 되는 메뉴가 무알코올 칵테일이다. 종류도 다양하고 제조 과정도 의미 있다. 이를테면 로가닉에서는 생선 요리에 화이트 와인이 아니라 수제 유자 칵테일을 페어링한다. 발효한 유자 껍질을 녹차에 섞은 다음 콜드 브루 내리듯이 6시간 똑똑 떨어뜨려 추출한 칵테일이다. 로가닉의 애덤 캐러털(Adam Catterall) 헤드 셰프는 "채소 껍질이나 뿌리 같은 남은 재료를 발효하고 침출하는 방식으로 칵테일을 만드는데, 와인보다 찾는 사람이 많다"고 설명했다. 4코스 420HKD(약 7만9000원), 11코스 1180HKD(약 22만 3000원), 모든 메뉴 10% 봉사료 별도다.

Roganic
로가닉

SHOP NOS. 402 & 403, 4F, LEE GARDEN ONE, 33 Hysan Ave, Causeway Bay

트러플 푸딩, 무알코올 칵테일

세계 요리

Diversity

야드버드

안도

한식구

뉴 펀자브 클럽

만다린 그릴+바

카프리스

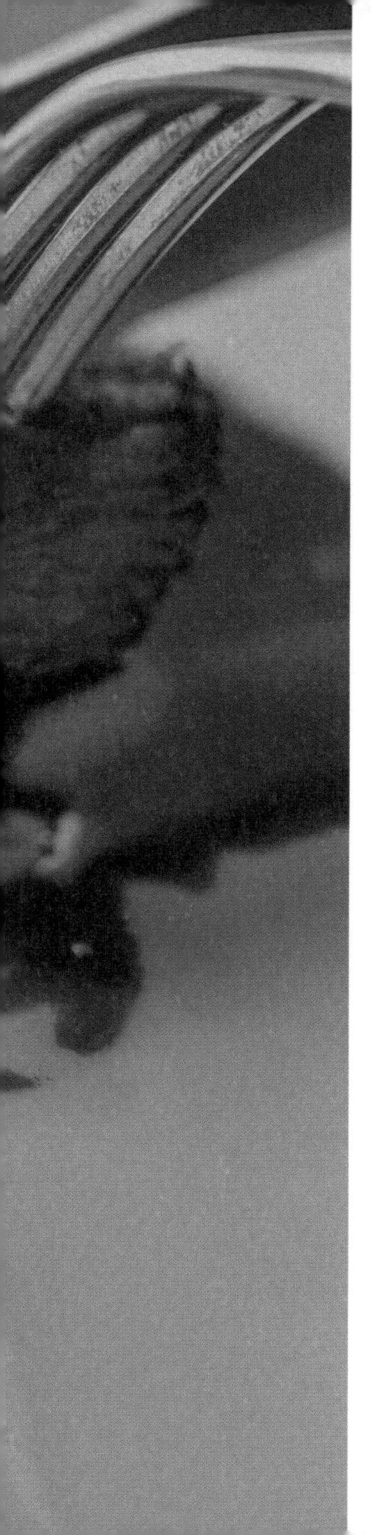

전 세계 음식이 모이는 도시

"온갖 종류의 레스토랑이 있고, 무슨 일이 있어도 하루 한 번 외식하는 사람들이 모여 사는 도시가 홍콩이다. 홍콩에서는 먹는 게 국민 스포츠라고 해야 할까. 얼마나 행복하고 감사한 환경인가."

홍콩섬 센트럴에 있는 미쉐린 1스타 레스토랑 '안도'의 오너 셰프 아구스틴 발비가 홍콩백끼와의 인터뷰에서 한 말이다. 아구스틴 발비는 아르헨티나에서 태어났다. 음식은 일본에서 배웠다. 일식이 기본이지만, 스페인 레스토랑에서도 일한 적이 있다. 이 범지구적인 요리 이력을 바탕으로 그는 2022년 홍콩에서 레스토랑을 열었다. 그리고 6개월 뒤 "독보적인 비전이 있다"는 평가와 함께 미쉐린 별점을 받았다. 여기서 홍콩백끼의 질문이 출발한다. 안도의 음식은 홍콩 음식인가, 아닌가.

홍콩이 세계적인 미식 도시라는 명제는, 홍콩 음식이 맛있다는 단순한 의미를 넘어선다. 홍콩은 지구촌 각 나라의 맛있는 음식이 집결한 도시라는 뜻도 포함한다. 올림픽 경기에 온 나라 운동선수가 참가하듯이, 제주도보다 작은 섬 홍콩에 별의별 나라의 음식이 죄 모여든다. 단순히 집합만 하는 게 아니다. 홍콩이라는 멜팅 포트(Melting Pot) 안에서 엉키고 섞이고 버무려져, '미쉐린 가이드'가 말한 것처럼 "독보적인" 음식을 재창조한다. 하여 홍콩에는 음식에 관한 어떠한 편견도 없다. 맛이 있느냐 없느냐의 차이만 있다. '미쉐린 가이드 홍콩·마카오 2024'가 주목한 홍콩 미식의 특징도 바로 이 '다양성(diversity)'이다.

"홍콩은 서로 다른 배경과 문화에서 온 요리사들을 편견 없이 포용하는 도시다. 그리하여 음식 문화에 굉장한 저력과 창의성을 불어넣는다."

전통의 광둥 요리가 아니라 다른 나라와 문화의 요리로 홍콩에서 미쉐린 별을 받은 레스토랑 6곳을 소개한다. 의외의 발견은 한식이다. 몰랐다. 홍콩에 미쉐린 별을 거느린 한식당이 버젓이 영업 중인 사실을. 잠깐, 홍콩까지 가서 굳이 다른 나라 음식을 먹고 와야 하느냐고? 다시 말하지만, 그건 정말이지 홍콩을 몰라서 하는 말이다.

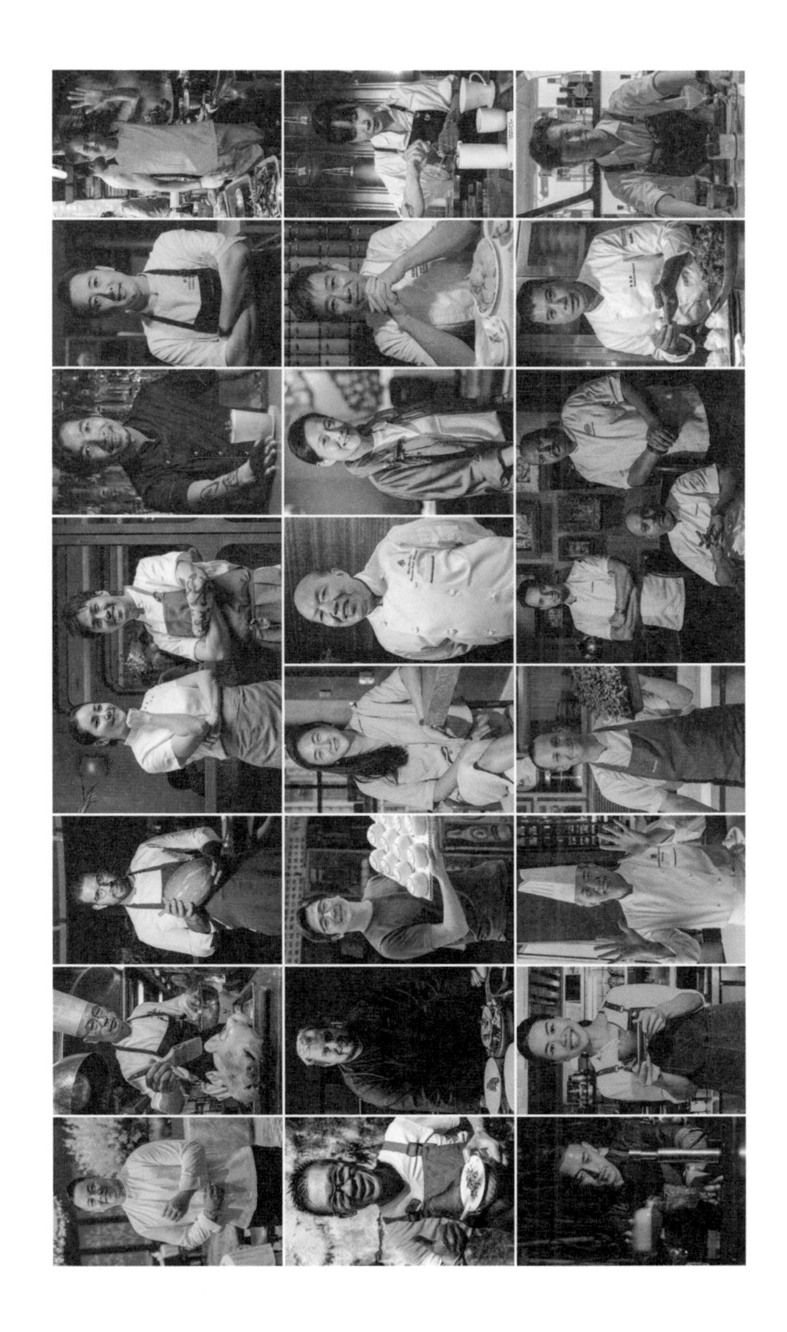

야드버드 ✿

057

홍콩 힙스터의 아지트

건어물 가게 늘어선 셩완 윙록 스트리트(永樂街) 안쪽에 홍콩에서 제일 힙한 미쉐린 레스토랑이 숨어 있다. 이름하여 '야드버드'. 야키토리(焼き鳥) 전문 이자카야(居酒屋)인데, 분위기가 예사롭지 않다. 힙합 음악이 울리는 식당에서 스케이트보더 혹은 타투이스트처럼 차려입은 직원들이 손님을 맞고 꼬치를 굽는다. 식당 안쪽에는 스투시·반스·칼하트윕 등 세계적인 스트리트 패션 브랜드와 컬래버로 제작한 옷과 액세서리를 파는 공간이 따로 마련돼 있다. 이곳은 닭꼬치집인가, 팝업 스토어인가.

야드버드는 2011년 미국 뉴욕 출신의 셰프 맷 에버겔(Matt Abergel)이 문을 연 개성 넘치는 이자카야다. 뉴욕타임스가 "도쿄의 세련된 요리 기술, 시드니의 따뜻함, 코펜하겐의 디자인, 베를린의 문신 많은 바텐더와 독한 술, LA의 자유로운 영혼, 뉴욕의 국제적인 매력을 믹스해 놓았다"고 평했을 정도로 개장 당시부터 화제를 모았다. 2021년부터 4년 연속 미쉐린 1스타를 유지하고 있다.

야드버드는 이른바 '부리부터 꼬리까지(beak to tail)' 먹는 방식으로 유명하

'야드버드'는 서민 요리 야키토리를 전문으로 하지만, 개성 넘치는 분위기 덕분에 홍콩에서 독보적인 인기를 누린다. ©백종현

Yardbird
SHICHIMI

한 자리에 모은 '야드버드' 대표 메뉴들. 꼬치 외 메뉴 중에는 옥수수 알갱이를 공 모양으로 뭉쳐 튀긴 스위트 콘 덴푸라가 인기 높다. ©백종현

다. 당일 도축한 삼황닭(三黃雞 · 지방이 많고 부드러운 육질이 특징인 품종)을 재료로 22개 종류의 야키토리를 선보인다. 닭 한 마리를 잡으면 머리와 발을 제외한 거의 모든 부위를 구워 먹는 셈이다. 특히 '오이스터(엉덩뼈 위쪽 살)', '테일(꼬리뼈 주변 살)' 같은 특수 부위는 제일 먼저 품절되니 알아두시길. 야드버드는 홍콩에서 가성비 낮은 식당으로 악명 높다. 꼬치 하나에 52HKD, 즉 1만원을 받는데, 봉사료 12%는 별도다. 아무래도 스타일 값인 듯하다.

야키토리 말고도 콜리플라워 튀김 요리 'KFC(Korean Fried Cauliflower · 한국 양념통닭에서 영감을 받았단다)', 옥수수를 공 모양으로 튀긴 '스위트 콘 덴푸라'도 인기 메뉴다. 이자카야답게 일본 위스키와 전통주가 종류별로 깔렸다. 하이볼과 칵테일 종류도 다양한데, 한때 '블러디 김정일'이라는 칵테일이 인기였단다. 운영 시간은 오후 6~12시다.

Yardbird
야드버드

154-158 Wing Lok Street, Sheung Wan
야키토리, 스위트 콘 덴푸라, KFC

와규 비프 타르타르를 비롯한 '안도'의 아뮤즈 부쉬 3종. ©백종헌

안도 ✿

058

동서양의 맛깔나는 만남

센트럴의 '안도'는 이른바 창작요리(innovative) 레스토랑이다. 창작요리는 독창적인 스타일이 중요한데, 안도의 독창성은 저마다 개성 뽐내는 홍콩 미식 신에서도 손에 꼽는다. 안도의 독보적인 음식은 오너 셰프 아구스틴 발비(Agustin Balbi)의 남다른 이력에서 출발한다. 아르헨티나 출신인 그는 일본 도쿄의 3스타 가이세키(会席) 레스토랑 '류긴(Ryngin)', 2스타 스페인 레스토랑 '수리올라(Zurriola)'를 차례로 거쳤다.

안도는 아구스틴 발비가 오너 셰프로 오픈한 첫 레스토랑이다. 2022년 처음 문을 열었고 개장 6개월 만에 미쉐린 1스타를 따냈다. 이후로 2024년까지 3년 연속 별을 지키고 있다. 일식을 기본으로 스페인과 남미 스타일을 입힌 음식을 내놓는다. '미쉐린 가이드'도 안도를 평가하면서 독창성에 주목했다.

제철 버섯을 이용해 된장국처럼 구수하게 끓이는 스페인식 국밥 '칼도소'. ©백종현

'안도'의 아구스틴 발비 오너 셰프. ©백종현

"안도는 셰프에게 독보적인 비전이 있다. 조상의 뿌리와 일본 스타일을 융합하는 방식으로 손님을 자신만의 여정에 끌어들인다."

안도의 시그니처 메뉴는 '신 놀라'라는 이름의 스페인식 국밥 '칼도소(caldoso)'이다. 홍콩섬 옆 란타우섬에서 재배한 쌀, 다시(出汁·일본식 육수), 제철 버섯 등을 넣고 끓인 국물 요리로, 개성 뚜렷한 안도의 다른 메뉴와 비교하면 언뜻 평범해 보인다. 그러나 신 놀라는 아구스틴 발비 음식 철학의 뿌리가 되는 음식이다. 발비의 할머니 이름에서 메뉴 이름을 따왔기 때문이다. 아구스틴 발비는 "어린 시절 할머니가 해주셨던 스페인·남미 음식을 정통 일식에 결합하는 걸 즐긴다"고 말했다.

안도의 다른 메뉴도 다국적 연합군 같다. 일본 구마모토(熊本)산 와규 타르타르, 일본 아오노리(青のり·파래 가루)와 캐비아를 올린 게살 요리, 시오코지(塩麴·소금 누룩)로 간을 한 리사(Lisa·스페인 생선) 구이, 아르헨티나산 소고기 스테이크 등 대륙을 넘나드는 음식이 시간차 공격을 해온다. 점심 3~5코스는 688~1088HKD(약 12만~20만원·10% 봉사료 별도), 저녁 8코스는 2288HKD(약 42만6000원·10% 봉사료 별도)다.

Andō
안도

1F, Somptueux Central, 52 Wellington St, Central
칼도소, 와규 타르타르, 스테이크

한식구 ❀

059

홍콩 유일의 한식 미쉐린 스타

점심 5코스의 메인 요리에 해당하는 반상 세트. 갈비찜·곤드레밥·미역국·취나물 등이 깔린다. ©백종현

전복 육회. ©백종현

전복 만두. ©백종현

홍콩 유일의 한식 미쉐린 1스타 레스토랑 '한식구'의 박승훈 헤드 셰프. ©백종현

홍콩의 K푸드 사랑도 뜨겁다. 몽콕·침사추이·센트럴·코즈웨이베이 등 번화가 목 좋은 자리마다 한식당이 진출해 있다. 메뉴도 치킨·간장게장·삼겹살·삼계탕 등 없는 게 없다. 홍콩 최대 식당 정보 앱 '오픈 라이스'에 등록된 한식당은 무려 562개(2024년 기준). 편의점에도 불닭볶음면·메로나처럼 낯익은 K푸드가 널렸다.

한식 인기야 짐작한 것이었지만, 홍콩에 미쉐린 스타 한식당이 있다는 건 처음 알았다. 영광의 주인공은 홍콩섬 셩완에 자리한 '한식구'. 한국의 미쉐린 3스타 레스토랑 '밍글스'의 강민구 셰프가 2020년 해외에서 오픈한 첫번째 식당이다. 2022년 처음 미쉐린 별을 걸었고, 2024년까지 3년 연속 1스타를 지키고 있다. 한식구는 홍콩 최초이자 유일의 미쉐린 1스타 한식당이다. '흑백요리사'로 유명한 안성재 셰프의 '모수 홍콩(2022년 오픈)'도 아직 별이 없다.

밍글스가 혁신적인 아이디어에 기반한 모던 한식을 추구한다면, 한식구는 정통 한식에 가깝다. 점심은 5코스, 저녁은 11코스로 구성된다. 점심 5코스를 주문했다. 북방조개와 날가지숭어를 고수·묵은지와 곁들인 선어회 전채 요리를 시작으로 전복 만두, 반상 세트(갈비·미역국 등), 막걸리 아이스크림, 인절미 초콜릿과 약과가 차례로 올라왔다. 음식 하나하나가 정갈했고, 입에 감겼다.

한식구의 박승훈 헤드 셰프는 "정통 한식인데 홍콩 사람이 더 즐겨 찾는

선어회 전채 요리. 북방조개와 날가지숭어에 고수·묵은지를 곁들인다. ©백종현

다"며 "홍콩은 미식에 대한 이해도가 높고 새로운 맛이나 식당에 배타적이지 않다"고 말했다. 한식구는 식재료 대부분을 현지에서 조달하지만, 한우·배처럼 대체 불가능한 식재료는 한국에서 직접 공수한다.

한식구 측에 따르면, 고객의 70%가 홍콩인이고 나머지 30%는 외국인 관광객이다. 한국인 여행자가 방문하는 경우는 거의 없다. 홍콩까지 가서 고급 한식을 찾아다닐 생각을 덜하기 때문이거니와 무엇보다 가격이 비싸다. 5코스 점심 반상이 588HKD(약 10만8000원), 11코스 저녁 테이스팅 메뉴 1480HKD(약 27만3000원). 막걸리 한 잔에 무려 188HKD(약 3만4000원)를 받는다. 모든 메뉴 10% 봉사료 별도다. 그래도 인기는 뜨겁다. 평일 점심시간인데도 빈자리가 없었다. 홍콩의 미쉐린 레스토랑에서 말끔히 차려입은 백인이 뉴진스의 'Hype Boy'를 들으며 한우 갈비 뜯는 장면이 잊히지 않는다.

Hansik Goo
한식구

1F, The Wellington, 198 Wellington St, Sheung Wan
삼계약밥, 육회, 전복 만두

뉴 펀자브 클럽 ✿

060

펀자브를 아시나요

펀자브(Punjab)는 인도와 파키스탄 국경에 걸친 광활한 영토다. 1947년 인도와 파키스탄이 영국으로부터 분리 독립하며 하나였던 펀자브가 동서로 나뉘었다. 생소하신가. 지명은 낯설어도 문화는 경험한 적 있으실 테다. 발리우드 영화의 주 언어가 펀자브어다. 발리우드 영화의 상징이 된 현란한 군무도 펀자브 지역의 전통 춤 방그라(Bhangra)에서 나왔다.

무엇보다 우리는 펀자브 음식에 익숙하다. 우리가 모르고 먹었을 뿐이다. 우리도 즐기는 밀가루 빵 '난(naan)'과 닭고기 요리 '탄두리(tandoori) 치킨'이 펀자브 음식이다. 정확히 말해 펀자브 지역의 전통 화덕 탄두르(tandoor)에서 구운 요리다.

홍콩섬 센트럴의 '뉴 펀자브 클럽'은 펀자브 음식으로 미쉐린 별을 받은 세계 최초의 레스토랑이다. 2019년부터 6년 내리 1스타를 받고 있다. 세계 첫 펀자브 별 식당이 홍콩에 자리하게 된 건 우연이 아니다. 홍콩이 영국 식민지였던 시절, 수많은 인도와 파키스탄 노동자가 항구·철도 등 건설을 위해 넘어왔다. 그때 펀자브 음식도 흘러 들어왔다.

©백종현

센트럴의 미쉐린 1스타 레스토랑 '뉴 펀자브 클럽'. 난, 말라이 티카, 케밥 등 탄두르에서 구운 다양한 펀자브 음식을 경험할 수 있다. ©백종현

'뉴 펀자브 클럽'을 이끄는 세 명의 셰프. (왼쪽부터) 타라, 팔라시, 시두 셰프. ©백종현

뉴 펀자브 클럽은 이름에 '새로운(New)'을 내걸었지만, 음식은 펀자브 전통 방식을 고수한다. 거의 모든 음식을 탄두르에서 조리한다. 난을 비롯해 순살 치킨 '말라이 티카', 경단 모양의 전통 과자 '라두', 불향 가득한 가지 요리 '뱅간 바르따' 모두 500도 열기 내뿜는 탄두르에 들어갔다가 나온다. 가장 인상적이었던 건 소 등심을 양념에 재웠다가 구운 '보티 케밥(488HKD)'. 군데군데 검게 탄 겉모습과 달리 고기가 연하고 육즙이 흥건했다.

팔라시 미트라 헤드 셰프는 "인도나 펀자브 음식은 지나치게 맵거나 싸구려라는 인식이 있다"며 "미쉐린 스타 셰프가 된 지금도 편견과 싸우고 있다"고 말했다. 펀자브 음식 7개가 나오는 세트 메뉴가 428HKD(약 9만원·10% 봉사료 별도)다.

New Punjab Club
뉴 펀자브 클럽

34 Wyndham St, Central
케밥, 말라이 티카, 라두

만다린 그릴+바 ✽

061

특급호텔의 특급 요리

'만다린 그릴+바'의 버섯 타르트. ©권혁재

"5500만 달러를 투입한 고급 호텔로, 홍콩에서 가장 높은 건물이다. 전체 660개 객실, 27층 규모. 침실에 TV, 욕실에 전화기가 놓이는 등 최신 편의시설을 갖췄다. 21초 만에 손님을 27층까지 데려다주는 '부드러운 엘리베이터(gentle lift)'가 있다."

홍콩 유력 일간지 '사우스차이나모닝포스트'의 1962년 기사다. 63년 전 신문기사를 인용한 이유는, 그 먼 옛날부터 '만다린 오리엔탈 호텔(당시 이름은 '더 만다린')'이 홍콩의 랜드마크였다는 사실을 환기하기 위해서다. 빅토리아 하버에 우뚝 솟은 만다린 오리엔탈 호텔은 번잡한 무역항에서 세련된 국제도시로 진화한 홍콩의 눈부신 성장을 상징하는 건축물이다.

홍콩의 랜드마크 만다린 오리엔탈 호텔의 랜드마크가 되는 공간이 호텔 1층의 '만다린 그릴+바'다. 만다린 그릴+바는 홍콩에서 가장 크고 가장 긴 역사의 스테이크 하우스이자 방대한 주류 라인업을 갖춘 프리미엄 바다. 호텔이 개장한 1963년부터 만다린 그릴+바는 호텔의, 아니 홍콩의 간판 레스토랑이

©권혁재

'만다린 그릴+바'에서 맛본 음식들. 안심 스테이크와 타르타르, 캐비어. ©권혁재

'만다린 그릴+바'의 매튜 루서 헤드 셰프(왼쪽), 로빈 자보 총괄 셰프. ©권혁재

었다. 그때나 지금이나 홍콩의 비즈니스맨은 만다린 그릴+바에 앉아 스테이크를 썰고 와인을 홀짝인다. 만다린 그릴+바는 미쉐린 1스타 레스토랑이다. 2010년 이래 줄곧 1스타를 지키고 있다.

만다린 그릴+바는 호텔 1층에 자리해 전망이 약하다. 대신 인테리어가 다르다. 영국인의 라이프 스타일을 바꿔놨다는 평을 듣는 디자인계의 거장 테렌스 콘란의 작품이다. 화려하지는 않지만, 기품이 느껴진다.

메뉴 구성도 인테리어처럼 고상하고 우아하다. 버섯 타르트, 랍스터·성게·수박을 담은 애피타이저, 킹크랩을 곁들인 캐비어 등 메뉴 하나하나에 품격이 담겼다. 메인 디시는 일본 가고시마(鹿児島)산 흑소 안심 스테이크와 소생고기와 골수로 만든 타르타르. '미쉐린 가이드'가 "전통적이면서도 새롭다"고 특별히 언급한 만다린 그릴+바의 간판 메뉴다.

만다린 그릴+바의 로빈 자보(Robin Zavou) 총괄 셰프는 "최고 등급의 식재료와 제철 농수산물로 품격 있는 계절 요리를 추구한다"며 "고전적인 메뉴에 현대적인 감각을 살리는 게 우리의 DNA"라고 강조했다. 3코스는 1588HKD(약 30만원), 4코스는 1788HKD(약 33만8000원). 10% 봉사료 별도.

Mandarin Grill+Bar
만다린 그릴+바 文華扒房 + 酒吧

Mandarin Oriental Hong Kong,
5 Connaught Rd Central, Central
스테이크, 해산물 요리

카프리스 ✿✿✿

062

별 중의 별

캐비어에 맛조개와 화이트 아스파라거스를 곁들인 애피타이저. 화이트 아스파라거스는 '카프리스'의 기욤 갈리오 총괄 셰프가 프랑스 루아르 계곡에 있는 어머니의 농장에서 직접 채취한 것이다. ©백종현

"홍콩에서 가장 화려하고 우아한 레스토랑."

'미쉐린 가이드'가 6년 연속 3스타 레스토랑에 등극한 '카프리스'에 바친 헌사다. 포시즌스 호텔 홍콩 6층에 자리한 카프리스는, 홍콩 미식 신이 인정하는 홍콩에서 가장 정통한 프랑스 레스토랑이다. 프랑스 타이어 회사가 만드는 미식 가이드가 노골적으로 애정을 드러낼 만하다.

레스토랑에 들어서는 순간, 카프리스의 파인다이닝이 시작된다. 스와로브스키 크리스털로 제작했다는 샹들리에부터 운동장처럼 넓은 오픈 치킨, 중세풍의 직물 공예품과 중국풍의 테이블 램프, 빅토리아 하버를 향해 활짝 열린 너른 창까지 인테리어는 물론이고 전망까지 최고급을 자랑한다. 빅토리아 항

창가 자리에서 빅토리아 하버가 한눈에 보인다. 크리스털 샹들리에, 중세풍의 직물 공예품으로 내부를 꾸몄다. ©백종현

'카프리스'의 기욤 갈리오 총괄 셰프. '카프리스'는 그가 부임한 뒤 2019년부터 6년 연속 미쉐린 3스타를 따냈다. ©백종현

구가 한눈에 내다보이는 창가 테이블 8개가 명당으로 통하는데, 운 좋게도 그 중 한 곳에 앉아 카프리스의 코스 요리를 경험했다. 참고로 창가 자리 다음으로 인기 높은 자리는 오픈 키친이 잘 보이는 중앙 테이블이다. 3스타 레스토랑의 주방처럼 다이내믹한 구경거리도 드물 테다.

캐비어에 맛조개와 화이트 아스파라거스를 곁들인 애피타이저로 코스를 시작했다. 화이트 아스파라거스는 프랑스 루아르 계곡 농장에서 기욤 갈리오 총괄 셰프가 직접 채취한 것을 가져다 쓴단다. 메인 코스는 프랑스 브리타니산 블루 랍스터와 소고기 안심 스테이크. 디저트는 초콜릿 밀푀유. 쁘띠 푸르(petits fours · 식후 커피와 제공되는 디저트)는 보석함 위에 앙증맞게 올라간 초콜릿이었다. 음식 하나하나 흠잡을 게 없었는데, 개인적으로는 웰컴 디시로 나온 바케트와 버터가 최고로 느껴졌다. 버터는 프랑스에서 공수한 최고급 제품이라는데 풍미가 가득했고, 주방에서 갓 구웠다는 바케트는 바삭한 식감이 도드라졌다.

카프리스는 홍콩백끼가 취재한 홍콩 식당 100곳 중 규모가 가장 컸다. 직원이 무려 66명이었다. 웬만한 특급호텔 레스토랑의 두 배다. 초호화 시설에서 대규모 인력으로 최고급 재료를 쓰는 최고의 레스토랑을 지휘하는 기욤 갈리오 총괄 셰프가 강조한 건 그러나 기본이었다.

"별 볼일 없는 식재료로도 감동을 선사할 수 있어야 합니다. 혁신보다는 음식 퀄리티와 서비스 같은 디테일이 먼저입니다."

점심 4코스는 1088HKD(약 20만원), 시그니처 7코스는 2980HKD(약 56만원), 코네쉐르(전문가) 7코스는 3988HKD(약 75만원). 모든 코스 10% 봉사료 별도다.

Caprice
카프리스

6F, Four Seasons Hotel Hong Kong, 8 Finance St, Central
스테이크, 바게트, 초콜릿 밀푀유

서울에서 즐기는 홍콩의 맛

서울에 제대로 된 홍콩 음식을 하는 식당은 의외로 많지 않다. '홍콩' 간판을 내건 중국집은 흔하다. 그러나 홍콩을 중화요리의 대명사처럼 쓰는 경우가 대부분이고, 홍콩 요리를 흉내만 내다 만 정체불명의 중식당도 수두룩하다. 그래도 찾아갈 만한 '서울 속 홍콩 맛집'이 몇 곳 있다.
서울에서 홍콩 스타일의 광둥식 만찬을 즐길 수 있는 곳이라면 포시즌스 호텔 서울의 '유유안'을 먼저 꼽아야 한다. 2017년부터 4년 연속 미쉐린 1스타를 받은 명가다. 유유안은 2022년부터 이태 연속 별 획득에 실패하자 2024년 홍콩 출신 베테랑 셰프 2명을 영입했고 2025년 미쉐린 별(1스타) 탈환에 성공했다. 유유안의 시그니처 메뉴는 수제 황두장(중국 된장)으로 맛을 낸 '광둥식 우럭찜'과 전통 광둥식 냄비 요리 '푼초이(盆菜)'다. 푼초이는 해산물 · 육류 · 야채 등 식재료를 큰 대야에 층층이 쌓은 요리로, 홍콩에서 잔칫날이나 명절이면 여러 사람이 모여 다 같이 먹는 전통 음식이다.
서울에 잘하는 딤섬집은 꽤 된다. '팀호완' '딤딤섬' '딩딤1968' 같은 홍콩의 프랜차이즈 딤섬집이 한국에서 성공적으로 뿌리내린 덕분이다. 프랜차이즈 딤섬집이 아니어도 홍콩 본토의 딤섬을 경험할 수 있는 식당이 제법 많은데, '흑백요리사'에서 '딤섬의 여왕'으로 출연한 정지선 셰프의 '티엔미미'도 그중 하나다. 티엔미미는 날치알 새우 딤섬, 부추 새우 딤섬, 바질씨우마이, 트러플 씨우마이, 블랙 딤섬 등 5종의 딤섬을 선보인다.
'더현대서울'을 비롯해 서울 여러 곳에 매장을 둔 '호우섬'은 서울에서 드문 뽀짜이판 전문 식당이다. 뽀짜이판은 뜨거운 뚝배기에 밥과 음식을 한데 넣은 홍콩식 돌솥비빔밥이다. 호우섬의 뽀자이판 메뉴로는 '닭고기 조림' '매운 돼지고기 완자' '새우 & 돼지고기 완자' 등이 있다.

'유유안'의 황두장 우럭찜. 양념을 최소한으로만 써 우럭 본연의 맛이 살아 있다. ©포시즌스 호텔 서울

칵테일 바

BAR

코아

오존

오브리

아이언 페어리

아르고

퀴너리

홍콩의 나이트 라이프를 완성하는 건 술이다. 양질의 칵테일을 내는 바가 도처가 있다. 사진은 '만다린 오리엔탈 호텔' 최상층의 칵테일 바 '오브리'의 모습. ©백종현

홍콩의 나이트 라이프를 완성하는 곳

홍콩은 먹을 데가 많아서 마실 곳도 넘쳐 난다. 구룡반도의 3대 번화가 '야우침몽(油尖旺 · 야우마테이+침사추이+몽콕)', 홍콩섬의 센트럴 · 코즈웨이베이 등지에 못해도 1000곳이 넘는 술집이 몰려 있다. 홍콩의 아침을 여는 음식이 콘지(죽)라면 홍콩의 밤을 밝히는 건 알코올이다.

홍콩 사람도 한국 사람처럼 술 없이는 못 산다. 태생적으로 시원한 맥주가 당기는 고온 다습한 땅이고(홍콩 주류 시장의 53%를 맥주가 차지한다), 긴 세월 영국과 중국 사이에 끼여 살다 보니 서러운 일도 많았으며, 고속 성장을 이뤄냈던 1960~80년대에는 샴페인도 꽤 터뜨렸다.

무엇보다 홍콩은 정부가 앞장서 '술 권하는 사회'다. 2008년 알코올 도수 30도 미만 주류에 붙였던 세금을 없앤 것이 가장 극단적인 사건이다. 주세는 물론이고 관세까지 없애 버리자 홍콩은 금세 아시아 와인 시장을 장악했다. 국제와인기구(OIV)에 따르면 2001년 940L에 불과하던 홍콩의 연간 와인 소비량이 2021년 3070L로 20년 만에 200% 넘게 성장했다. 현재 홍콩의 연간 와인 수입액은 1조8000억원에 이른다. 와이너리는커녕 포도밭도 없는 홍콩이 아시아 와인 시장의 센터로 거듭난 사연이다.

홍콩 정부는 코로나 이후 경기 침체가 장기화하자 재차 결단을 내렸다. 2024년 10월 도수 30도 이상 주류에 붙이던 세금을 100%에서 10%로 대폭 깎는 방침을 발표했다. 수입 가격이 200HKD(약 3만7000원)를 초과하는 외국산 고급 주류에만 적용한다는 단서가 붙긴 했지만, 주류 무역을 키워 요식업을 비롯한 관광산업을 두루 살리겠다는 목표는 분명하다.

아시아 주류 신의 '미쉐린 가이드'이자 '오스카'로 통하는 '아시아 50 베스트 바'에 오른 바 50곳 가운데 9곳이 홍콩에 있다(2024년 기준). 그중에서 6곳을 소개한다. 3년 연속 아시아 왕좌에 올랐던 레전드 바도 있고, 홍콩에 '분자 칵테일'을 전파한 바, 세계 최고 높이의 루프탑 바도 있다. 특히 칵테일은 홍콩 나이트 라이프의 꽃이다. 별들이 소곤대는 홍콩의 밤거리는 어제 일이다. 오늘 밤에도 홍콩은 칵테일에 취한다.

이 칵테일 꼭 맛보세요!

*10% 봉사료 별도

비터 멜론 콜린
Bitter Melon Collins

코아(센트럴)
씁쓸한 듯 산뜻한 청량감
128HKD(약 2만3500원)

파이어
Fire

오존(리츠칼튼 홍콩)
화려한 불 퍼포먼스
208HKD(약 3만8500원)

데이 인 요코하마
A Day in Yokohama

오브리(만다린 오리엔탈 호텔)
19세기 전설의 칵테일 오마주
170HKD(약 3만1500원)

미드나잇 버터플라이
Midnight Butterfly

아이언 페어리(센트럴)
나비가 내려앉은 달콤 칵테일
130HKD(약 2만4000원)

아르고 마티니
Argo Martini

아르고(포시즌스 호텔 홍콩)
구관이 명관, 훌륭한 밸런스
175HKD(약 3만2000원)

얼그레이 캐비어 마티니
Earl Grey Caviar Martini

퀴너리(센트럴)
분자 칵테일, 톡톡 씹히는 식감
150HKD(약 2만8000원)

코아

(063)

아시아 No.1

'코아'의 믹솔로지스트 록청. 오른팔에 '調酒(조주)'라는 문신을 큼지막하게 새겼다. ©백종현

홍콩에서 단 한 잔의 칵테일을 마셔야 한다면 '코아'로 가야 한다. 자타 공인 '아시아 최고의 바'여서다. 2017년 오픈한 코아는 2021년부터 3년 내리 '아시아 50 베스트 바' 1위에 올랐다. 2024년에는 4위에 그쳤지만 아시아 베스트 바 3연패는 전무후무한 기록이다.

코아는 멕시코 테마의 칵테일 바다. 홍콩에서는 '아가베 증류주(agave spirits)'의 인기를 주도한 주인공으로 통한다. 아가베(용설란)는 멕시코 선인장의 한 종류다. 테킬라·메스칼·라이실라·바카노라 등 여러 술의 원재료로 쓰인다. 오너 바텐더 제이 칸(Jay Khan)은 "아가베 증류주에 아시아 재료를 섞어 코아만의 맛을 만든다"고 소개했다. '코아'는 아가베를 수확할 때 사용하는 도구다.

'비터 멜론 콜린스'와 '페퍼 스매시'. 3년 연속(2021~2023) '아시아 50 베스트 바' 1위에 올랐던 칵테일 바 '코아'의 대표 메뉴다. ©백종현

코아는 센트럴 할리우드 로드 한편 계단 길에 비스듬히 걸쳐 있다. 25명이 겨우 앉을까 말까 싶은 작은 술집이다. 아시아 왕좌에 오른 뒤 코아는 홍콩에서도 가장 방문하기 어려운 가게가 됐다. 주말·평일 할 것 없이 '오픈 런'이 이어진다. 운영 시간은 오후 6시~오전 1시(월요일 휴무)다.

오후 5시부터 1시간 줄을 서 가게에 입장했다. 그리고 바 한가운데 앉아 유명 바텐더 록청(Lok Cheung)이 칵테일을 만드는 장면을 직관했다. 록청은 최

'코아'는 홍콩에서 가장 자리 경쟁이 치열한 바다. 보통 오픈 1시간 전부터 줄을 서기 시작한다. ©백종현

근 '홍콩판 흑백요리사'로 불리는 TV 서바이벌 프로그램 '마스터 믹솔로지스트'에서 챔피언에 오른 스타 바텐더다.

록청의 팔뚝에 '調酒(조주·칵테일을 만들다)'라는 문신이 큼지막하게 새겨 있었다. 그 팔을 세차게 흔들어 "요즘 가장 핫하다"는 칵테일 '비터 멜론 콜린스(Bitter Melon Collins)'를 만들었다. 얇게 썬 오이가 용틀임하듯이 잔 내부를 휘감은 칵테일. 테킬라를 베이스로 비터 멜론(여주)과 코코넛, 커리 향신료 등을 첨가했다는데 씁쓸한 듯 산뜻한 맛이 일품이었다. 또 다른 칵테일 '블러디 비프 마리아(Bloody 'Beef' Maria)'에서는 소고기 향이 났다. 메즈칼에 멕시칸 칠리 소스와 쓰촨 고추, 그리고 소고기 분말을 넣었다고 한다. 칵테일 한 잔에 128HKD(약 2만3500원·10% 봉사료 별도)다.

Coa
코아

6-10 Shin Hing Street, Central, Hong Kong, Central
비터 멜론 콜린스, 블러디 비프 마리아

오존

064

하늘 위에서 칵테일 한 잔

구룡반도 국제상업센터(ICC) 최상층(118층)에 둥지를 튼 칵테일 바 '오존'. 홍콩섬을 파노라마로 내다볼 수 있다. ©백종현

최초 100층을 넘긴 마천루, 세계 가장 높은 곳에 있는 수영장, 홍콩에서 가장 높은 전망대.

2010년 구룡반도 침사추이에 들어선 국제상업센터(ICC)는 홍콩의 온갖 최고(最高) 기록을 다 거느린 랜드마크다. 높이가 무려 484m다. 지하 4층, 지상 118층 규모인데, 리츠칼튼 홍콩이 102~118층을 사용한다.

호텔 118층에 세계에서 가장 높은 루프탑 바 '오존'이 있다. 꿀팁 하나. 건물 100층에 '스카이100(394m)'이라는 인기 전망대가 있는데, 미성년자가 아니라면 오존으로 바로 올라가시라. 입장료 178HKD(약 3만3000원) 내고 구경하는 전망보다 더 높은 곳에서 칵테일 한 잔 끼고 누리는 전망이 훨씬 낫다. 스카이100처럼 전망이 사방으로 터져 있지는 않지만, 오존에서도 빅토리아 하버와 국제금융센터(IFC), 빅토리아 피크(552m) 등 홍콩을 상징하는 풍경이 다 들어온다.

오존의 절반은 천장이 뚫린 테라스로, 나머지 절반은 실내 공간으로 조성돼 있다. 해가 넘어가는 황금시간대를 제외하면 의외로 실내 자리가 더 인기가 높다. 워낙 인테리어가 화려하고 우아해서다. 와인 잔을 뒤집어 놓은 듯한 조명 수십 개가 천장에 매달려 있고, 기하학적 모양의 기둥과 타일이 현대적인 분위기를 끌어올린다.

'오행(Five Elements Cocktails)'이라는 부제가 달린 5개 칵테일이 오존의 시그니처 메뉴다. 이를테면 '파이어'는 메즈칼에 할리피뇨와 엘더플라워 리큐르(혼성주)를 뒤섞은 칵테일로, 잔 표면에 불을 붙이는 퍼포먼스가 유명하다. '우드' 칵테일에는 블랙 트러플이 올라간다. 비슷한 테마의 '오행 목테일(5종

'오존'의 '오행' 콘셉트의 5개 칵테일 중 '파이어'. 불을 이용한 퍼포먼스 덕분에 인기가 높다. ©백종현

의 무알코올 칵테일)'도 있다. 가격은 만만치 않다. 칵테일 1잔 208HKD(약 3만8500원), 목테일 1잔 178HKD(약 3만3000원). 세계 도시의 이름을 딴 스낵 메뉴가 여럿 있는데, '서울'이라는 스낵의 정체는 프라이드 치킨이다(200HKD·약 3만7000원). 모든 메뉴 10% 봉사료 별도.

홍콩 사람은 생일이나 기념일 같은 특별한 날 오존을 찾는다고 한다. 홍콩 여행 도중 화려한 의상으로 차려입고 분위기를 내고 싶은 날, 가장 어울리는 장소다.

Ozone
오존

118F, The Ritz-Carlton Hong Kong(ICC), 1 Austin Rd W, Tsim Sha Tsui

오행 칵테일

오브리

065

일본풍 설국열차

만다린 오리엔탈 호텔 최상층(25층)의 칵테일 바 '오브리'. 홍콩에서 가장 우아한 인테리어를 갖춘 바로 유명하다. ©만다린 오리엔탈 홍콩

'오브리'의 대표 메뉴들. (왼쪽 위부터) 일본 술을 이용한 3종의 칵테일 '재패니즈 서머' '데이 인 요코하마' '로쿠'. ©백종현

장국영이 사랑했던 호텔 '만다린 오리엔탈 호텔'. 그 호텔의 맨 꼭대기인 25층에 프리미엄 바 '오브리'가 있다. 2021년 문을 열어 3년 만에 '아시아 톱 10'에 오른, 홍콩을 대표하는 바다(2024년 '아시아 50 베스트 바' 10위). 홍콩 매체에서는 'glamorous(매력 넘치는)' 'luxurious(호화로운)' 'alluring(매혹적인)' 등 온갖 수식어를 동원해 오브리를 우러른다. 동의한다. 만다린 오리엔탈 호텔에 10년 이상 미쉐린 1스타를 지킨 레스토랑 두 곳('만와'와 '만다린 그릴+바')이 있는데, 그들 레스토랑보다 오브리가 훨씬 더 화려하다.

오브리 웹사이트에는 '별난 이자카야(eccentric Japanese izakaya)'라고 간단히 소개돼 있지만, 그 정도 정보로는 부족하다. 오브리는 긴 복도를 따라 공간이 분리돼 있다. 기차를 탄 듯한 착각을 불러일으키는데, 흡사 '설국열차'의 최상층인 '머리 칸'만 옮겨 놓은 것 같다. 일본풍 미술 작품 140개로 바 곳곳을 장식해 자포니즘(Japonism · 일본 문화의 영향을 받은 서구 예술 사조)에 매료된 19세기 파리의 살롱을 구현한 것처럼도 보인다.

칵테일은 미쉐린 3스타 레스토랑 출신의 믹솔로지스트 데벤더 세갈(Devender Sehgal)이 책임진다. 일본술을 기본으로 칵테일을 만든다. 이를테면 '이모 쇼추(imo shochu)'는 일본 가고시마 고구마술과 테킬라를 주재료로 제철 딸기와 감귤을 가미한 칵테일이다. 일본산 멜론으로 맛을 낸 '재패니즈 서머(Japanese summer)'라는 칵테일도 있다. '데이 인 요코하마(a day in Yokohama)'는 19세기 일본 요코하마 그랜드호텔에서 개발한 '대나무 칵테일'과 '밀리언 달러 칵테일'에서 영감을 받은 메뉴다. 칵테일 1잔에 170~180HKD(약 3만1500원~3만3500원) 선이다.

사시미·튀김 같은 이자카야 스타일의 안주도 있다. 미야자키(宮崎)산 와규를 튀긴 뒤 빵 사이에 끼운 '와규 산도(wagyu sando)'가 인기 메뉴다. 678HKD(약 12만5500원). 모든 메뉴 10% 봉사료 별도. 반바지, 샌들, 찢어진 청바지 같은 차림은 입장이 어렵다. 금요일 밤은 오후 10시부터 오전 2시까지 라이브 밴드와 DJ 공연을 포함한 불금 파티가 벌어진다.

The Aubrey
오브리

25F, Mandarin Oriental Hong Kong,
5 Connaught Road, Central
이모 쇼추, 재패니즈 서머

'오브리'의 인기 스낵 '와규 산도'. ©백종현

일본풍 미술 작품 140개로 바 곳곳을 장식했다. ©백종현

아이언 페어리

066

홍콩 MZ세대의 비밀 아지트

'아이언 페어리'의 대표 메뉴 '미드나잇 버터플라이'. 칵테일에 나비가 내려앉은 듯한 모양새다. ©백종현

'아이언 페어리'는 호주 출신의 유명 디자이너 애슐리 서튼(Ashley Sutton)이 2016년 오픈한 칵테일 바다. 오픈한 지 10년 가까이 지났지만, 독보적인 분위기 덕분에 여전히 홍콩에서 가장 힙한 바 중 하나로 통한다. 애슐리 서튼은 광부에서 동화작가('아이언 페어리'라는 동화책을 썼다)로, 다시 인테리어 디자이너 겸 외식 사업가로 활동 반경을 넓혀온 인물이다.

아이언 페어리의 인테리어가 그의 인생을 닮았다. 깊은 동굴 속 같기도 하고, 낡은 철공소 같기도 하고, '반지의 제왕' 같은 판타지 영화 속 세상 같기도 하다. 내부는 눈이 적응해야 할 시간이 필요할 정도로 칠흑처럼 어둡다. 두꺼운 철문을 밀고 들어가는 순간, 천장을 가득 채운 1만 마리의 나비 조각이 눈

바텐더가 연기 머금은 칵테일을 따르는 모습이 흡사 주술사 같다. '아이언 페어리'는 독특한 분위기 덕분에 젊은 층에 인기가 높다. ©백종현

에 들어온다. 이어 거대한 철제 샹들리에, 녹슨 톱니바퀴, 거대한 쇠망치, 용도를 알 수 없는 쇳조각과 파이프, 가죽 장식 등이 시야를 꽉 채운다. 테이블에도 꽃이나 램프 대신 쇠붙이로 만든 요정 조각상이 잔뜩 쌓여 있다. 금방이라도 불을 뿜어낼 것 같은 분위기의 용광로가 홀 가장자리에 줄지어 있는데, 이곳의 정체는 개별 룸이다. 자리 경쟁이 치열하다고 한다.

칵테일도 가게의 괴이쩍은 분위기를 닮았다. '스모크 인 어 보틀(Smoke in a Bottle)'은 이름 그대로 연기를 머금은 칵테일이다. 바텐더가 자욱한 연기를 내뿜으며 새빨간 술을 따르는 모습이 흡사 묘약을 만드는 주술사처럼 보인다. 럼 기반의 '미드나잇 버터플라이(Midnight Butterfly)'는 하얀색 거품에 나비 문양의 장식을 올려준다. 칵테일에 나비가 내려앉은 듯한 생김새. 젊은 여성에게 인기가 많은 메뉴다. 칵테일 1잔에 130HKD(약 2만4000원·10% 봉사료 별도) 선이다.

아이언 페어리는 홍콩백끼가 취재한 칵테일 바 6곳 중에서 분위기가 가장 자유분방했다. 이렇다 할 복장 규정도 없고, 가장 늦은 새벽 2시까지 칵테일을 팔았다. 매일 밤 라이브 공연도 열린다. 그래서일까. 손님 연령대가 가장 젊었다.

The Iron Fairies
아이언 페어리

📍 Chinachem Hollywood Centre, 1 Hollywood Rd, Central
👍 스모크 인 어 보틀, 미드나잇 버터플라이

아르고

067

특급호텔 속 친근한 동네 술집

'아르고'의 인기 메뉴 '아르고 마티니'와 다양한 스낵들. 홍콩식 에그 와플 '까이단자이'도 있다. ©백종현

'아르고'는 포시즌스 호텔 홍콩이 거느린 2개의 바 중 하나다. 미쉐린 3스타 레스토랑 '카프리스' 안쪽의 '카프리스 바'가 격식을 강조한 폐쇄적인 느낌의 와인 바라면, 아르고는 캐주얼한 분위기의 칵테일 바다.

카프리스 바는 호텔 6층에 있어 일부러 찾아가야 하지만, 아르고는 호텔 로비에 자리해 개방감이 상당하다. 오전에 투숙객을 위한 뷔페 레스토랑으로 쓰일 만큼 공간도 넓다. 손님도 다르다. 카프리스 바는 미쉐린 3스타 레스토랑에 딸린 바여서 스포츠 웨어나 샌들 같은 복장은 입장이 안 된다. 아르고는 상관없다. 아무렇게나 입어도 된다. 호텔 투숙객이 편안한 복장으로 어슬렁거리기도 하고, 말끔한 수트 차림의 비즈니스맨이 앉아 있기도 하고, 젊은 연인

'아르고'는 포시즌스 호텔 홍콩 로비에 있다. 활기차고 자유분방한 분위기가 특징이다. ©백종현

이 구석 자리에서 사랑을 속삭이기도 한다.

보통 바는 어두침침한 조명을 선호한다. 세련되고 편안한 분위기를 조성하는 데 유리해서다. 아르고는 아니다. 환해도 너무 환하다. 빅토리아 하버를 향해 펼쳐진 통창과 거울·유리를 강조한 인테리어 때문에 눈이 부실 정도다. 남북전쟁 이후 대호황을 누렸던 도금시대(Gilded Age·1870~1900년께)의 미국 식물원을 모티브로 했단다. 하이라이트는 바 테이블 안쪽에 선 거대한 원기둥이다. 3m 폭의 기둥 전체가 136개의 유리 진열장으로 둘러싸였는데, 세계 각지에서 건너온 진귀한 술로 가득 채웠다.

아르고의 칵테일은 홍콩에서 가장 밸런스가 좋다는 평을 받는다. 가장 클래식한 칵테일로 통하는 마티니가 대표 메뉴로 꼽힌다. "클래식이자 최후의 순간까지 존재할 단 하나의 칵테일"이라는 바텐더의 말이 인상적이었다. 톡 쏘는 자몽 칵테일에 초콜릿 칩을 올린 '그레이프 앤 카카오 20 센추리'처럼 장난기 넘치는 칵테일도 있다. 아르고는 2024년 '아시아 50 베스트 바' 9위에 올랐다. 칵테일 1잔에 175HKD(약 3만2000원·10% 봉사료 별도)다.

Argo
아르고

GF, Four Seasons Hotel Hong Kong, 8 Finance St, Central
마티니, 그레이프 앤 카카오 20 센추리

퀴너리

068

오감으로 즐긴다

'퀴너리'는 홍콩 칵테일 신에서 살아 있는 전설로 통한다. 홍콩의 스타 믹솔로지스트 안토니오 라이(Antonio Lai)의 힘이다. 안토니오 라이는 이른바 '분자 칵테일(molecular mixology)'을 홍콩에 퍼트린 선구자다. 분자 요리는 음식을 구성하는 분자구조를 변형해 맛과 향을 낸 요리를 말한다. 어려우신가. 액체질소를 이용해 구슬 모양으로 변형한 아이스크림, 설탕을 실처럼 굳혀 만든 솜사탕도 분자 요리의 일종이다.

퀴너리의 바 안쪽 풍경은 여러모로 흥미롭다. 술 파는 바가 아니라 과학 실험실처럼 보여서다. 바텐더가 셰이커(재료를 섞는 도구), 지거(계량컵) 같은 일반 칵테일 장비 대신 스포일러나 원심분리기를 같은 첨단 장비를 활용해 술을 만드는 모습이 이채롭다. 맛과 향을 추출하는 증류기 말고도 훈제 효과를 내는 훈연기, 급속동결기·거품기 등 별별 장비가 다 있다.

굳이 이렇게까지 복잡하게 술을 만들 필요가 있을까. 안토니오 라이는 "일명 '다중 감각의 칵테일(multisensory mixology)'이 퀴너리의 특징"이라며 "단순히 마시는 술이 아니라 시각·촉각 등 오감으로 즐기는 술은 쉽게 잊히지 않는

칵테일 '얼그레이 캐비어 마티니'. ©백종현

다"고 강조했다. '숫자 5'를 뜻하는 'Quinary'가 가게 이름이 된 이유다.

퀴너리의 시그니처 메뉴는 '얼그레이 캐비어 마티니(Earl Grey Caviar Martini)'다. 마티니에 올린 캐비어가 화룡점정이다. 실제 캐비어는 아니다. 얼그레이 차를 알긴산 나트륨을 이용해 걸쭉하게 만든 다음 스포일러로 염화칼슘 푼 물에 떨어뜨리면 캐비어를 닮은 구형의 얼그레이 캐비어가 만들어진다.

칵테일 '마쉬멜로우 듀오'. ©백종현

'퀴너리'의 오너 바텐더 안토니오 라이. 홍콩에 분자 칵테일을 유행시킨 주인공이다. ©백종현

이 얼그레이 캐비어를 마티니에 100개쯤 띄우고 얼그레이 거품을 수북하게 올리면 완성이다. 입술로 하얀 구름을 헤치고 나면 입안에 마티니와 캐비어가 들어온다. 진짜 캐비어처럼 입안에서 톡톡 터지는 식감이 흥미롭다. 퀴너리를 찾는 손님 대부분이 이 칵테일을 주문한다. 한 달에 1300잔 넘게 팔린단다. 칵테일 하나로 1년에 4억원이 넘는 매출을 올리는 셈이다.

2012년 센트럴 할리우드 로드에 오픈한 퀴너리는 2016년부터 9년 연속 '아시아 50 베스트 바'에 이름을 올렸다(2024년 26위). 칵테일 1잔에 150HKD (약 2만8000원·10% 봉사료 별도)다.

Quinary
퀴너리

56, 58 Hollywood Rd, Central
얼그레이 캐비어 마티니

와인 덕후는 홍콩의 가을을 노린다

홍콩은 와인의 도시다. 포도 산지도 아니고 와이너리도 없지만 와인으로 유명하다. 이유는 하나. 워낙 많이 마셔서다. 홍콩의 연간 와인 수입액은 무려 1조8000억원에 달한다.

와인 도시 홍콩의 진면목을 경험하려면 10월을 노려야 한다. 아시아 최대 와인 축제 '홍콩 와인&다인 페스티벌'이 매년 10월 열린다. 빅토리아 하버를 마주 보는 센트럴 하버 프론트가 축제 무대다. 최근 들어 홍콩달러가 워낙 올라 와인을 가성비 있게 즐기는 건 쉽지 않아졌지만, 여전히 세계 각지에서 물 건너온 물 좋은 와인을 두루 맛볼 수 있다. 2024년 축제만 해도 프랑스·호주·이탈리아 등 35개국에서 300개 이상의 와인 및 미식 업체가 참여했다. 홍콩 대표 칵테일 바의 인기 메뉴를 시음하는 코너도 있다. 축제 전용 토큰(1토큰 약 4500원)을 구매한 뒤 와인잔 들고 축제 부스 누비며 홀짝홀짝 와인을 즐기면 된다.

축제는 닷새 만에 끝나지만, 300개가 넘는 레스토랑과 바가 참여하는 '테이스트 어라운드 타운'은 도심 곳곳에서 11월까지 이어진다. 무료 시음을 진행하는 바도 있고, 시음 메뉴를 저렴하게 판매하는 바도 있다.

'홍콩 와인&다인 페스티벌'. 매년 10월 센트럴 하버 프론트에서 열린다. ©홍콩관광청

PART 3

홍콩의
명소로
향하다

Google Maps

I HK
I HK
I HK
I HK

홍콩 영화 속 맛집 Movie

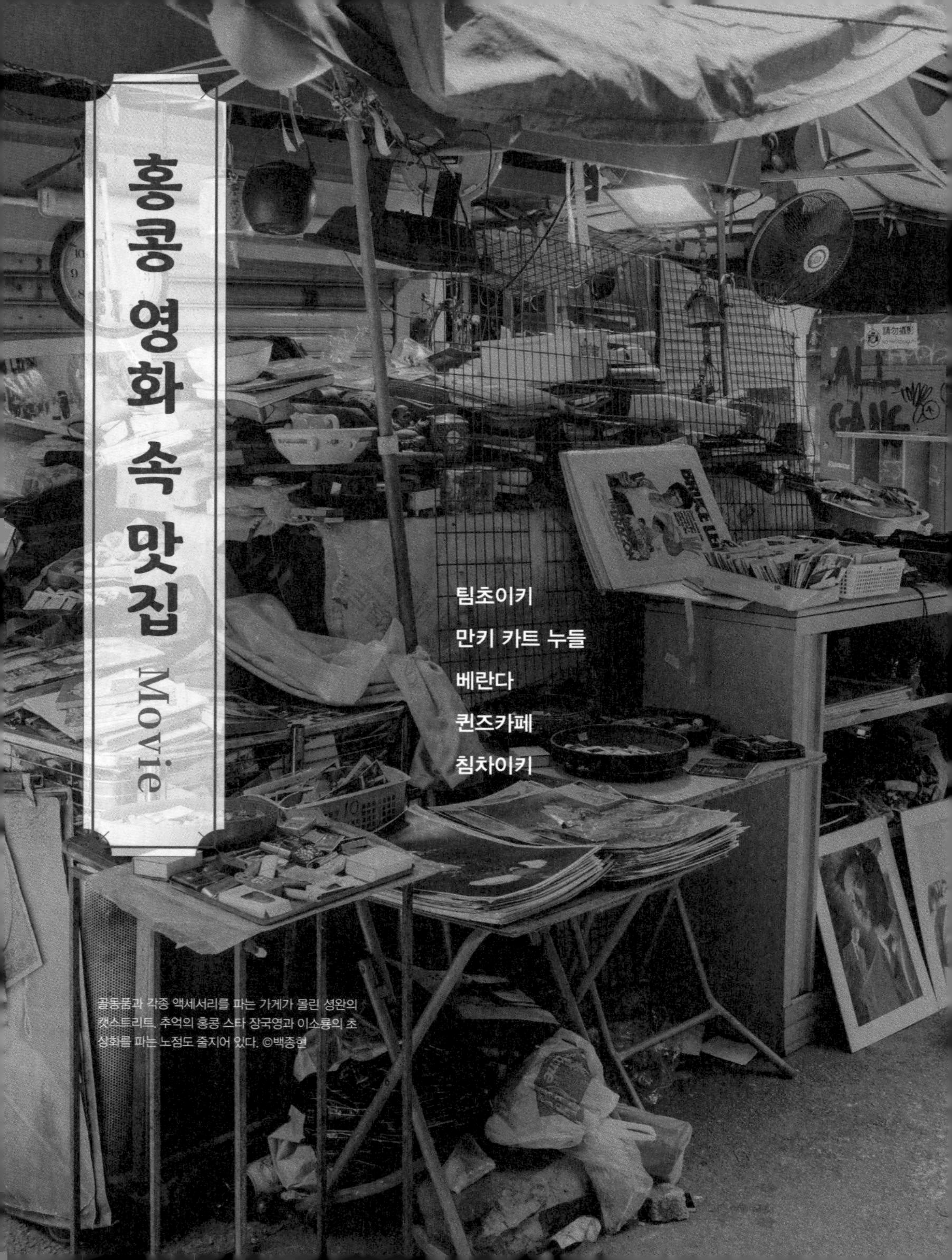

팀초이키

만키 카트 누들

베란다

퀸즈카페

침차이키

골동품과 각종 액세서리를 파는 가게가 몰린 셩완의 캣스트리트. 추억의 홍콩 스타 장국영과 이소룡의 초상화를 파는 노점도 줄지어 있다. ©백종현

주윤발 키드를 위한 맛있는 여행

홍콩은 영화다. 1980~90년대 홍콩 영화의 '화양연화'를 기억하는 세대에게 홍콩은 청춘의 현장이자 로맨스의 그곳이다. 이들 세대에게 장국영은 아직도 오빠고, 주윤발(周潤發 · 짜우연팟)은 영원한 따거(大哥 · 형님)다.

그 시절 홍콩 영화를 사랑한 이라면 이러한 여행법도 가능하다. 이른바 '주윤발 키드를 위한 홍콩 음식 여행'이다. 신스틸러 역할을 톡톡히 했던 영화 속 음식, 영화에 등장한 이국적인 레스토랑, 홍콩 무비 스타의 단골집을 추렸다. 주윤발이 수시로 출몰한다는 죽집, 생전의 장국영이 사랑했던 경양식 레스토랑, '색, 계'에서 탕웨이(汤唯)가 밀회를 즐겼던 카페를 찾아갔고, '화양연화'에 나왔던 장만옥(張曼玉 · 매기 청)의 그 국수를 먹었다. 혹시 잡쇄면을 아시는지. 주성치의 코미디 영화를 사랑하는 팬이라면 잊지 못할 음식이다. 전설의 그 잡쇄면도 기어이 먹고 왔다.

홍콩 거리를 배회하다가 발견한 게 있다. 주윤발 사진 걸어놓고 장사하는 식당이 수십 곳이나 됐다. “홍콩 식당은 주윤발이 먹여 살리네” 농담하다가 뜻밖의 팩트를 하나 더 발견했다. 주윤발 단골집은 하나같이 싼 대중식당이었고, 낡고 허름한 노포였다. 홍콩이 왜 이리 주윤발을 추앙하는지 알 것 같았다.

©백종현

홍콩 영화를 사랑한다면

'중경삼림'부터 '식신' '색, 계'까지, 주윤발부터 장국영까지. 홍콩 영화를 추억하는 여행자라면 꼭 방문해야 할 목적지들.

1. '식신'의 만키 카트 누들
2. 주윤발의 팀초이키
3. 스타의 거리
4. 미드레벨 에스컬레이터
5. 만다린 오리엔탈 호텔
6. 코즈웨이베이
7. 장국영의 '퀸즈카페'
8. 리펄스베이와 '색, 계'의 베란다

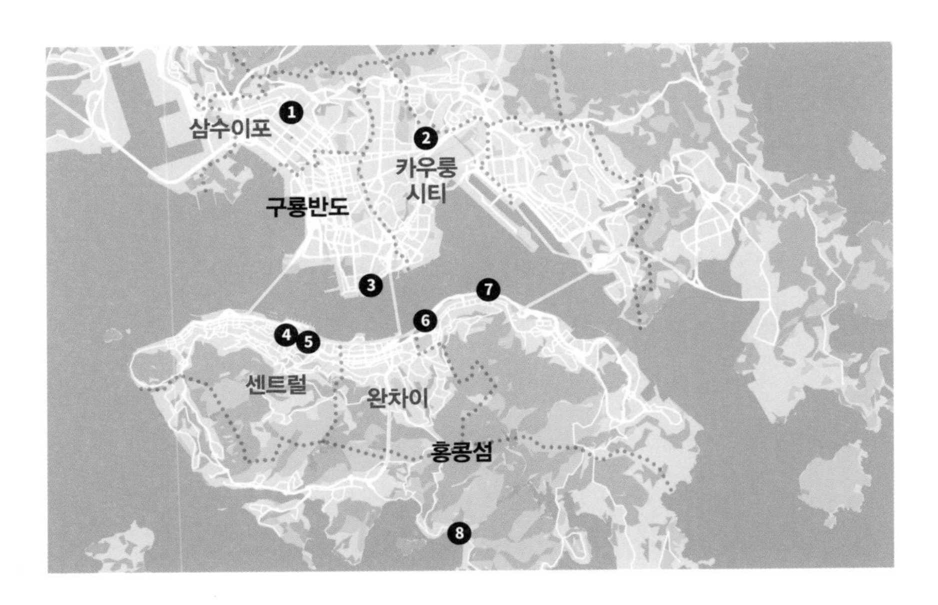

팀초이키

069

주윤발 따거가 포장해 가는 죽

홍콩에는 미쉐린 레스토랑만 있는 게 아니다. 이른바 '주윤발 레스토랑'도 있다. 주윤발 단골집을 주장하는 식당이 수십 곳을 헤아린다. 수염 덥수룩한 따거, 모자 눌러 쓴 따거, 백발의 따거, 마스크 쓴 따거 등 주윤발 방문 인증 사진을 내건 식당이 홍콩 어디에나 널려 있다. 덕분에 홍콩이 주윤발을 얼마나 사랑하는지, 주윤발의 입맛이 어떤지 자연스럽게 알게 됐다.

몇 년 전 주윤발이 전 재산인 56억 HKD를 기부하기로 했다는 사실이 한국까지 알려진 적이 있다. 무려 8100억원에 해당하는 거액이다. "어차피 세상 밖으로 나올 때 아무것도 없는 몸이었다" "쌀밥 두 그릇만 있으면 된다" 같은 어록을 남겼다나. 그의 검소한 성격은 단골 식당만 봐도 알 수 있다. 트렌디한 레스토랑보다는 낡은 노포, 가성비 좋은 서민 식당이 대부분이다.

카오룽시티의 '팀초이키'는 가장 널리 알려진 따거의 단골 식당이다. 광둥식 죽 요리 '콘지'와 국수를 전문으로 하는 식당이다. 1948년 문을 열어 현재 3대째 손맛을 이어온다. 따거의 최애 메뉴는 '뎅짜이콘지(艇仔粥)'다. 말린 돼지껍데기와 소고기·오징어·땅콩 등을 넣어 끓인 콘지로, 대접 한 가득 담겨 나

홍콩 곳곳에서 주윤발 방문 사진을 내건 식당을 쉽게 찾을 수 있다. 사진은 센트럴의 유명 맛집 '란퐁유엔'에서 찍었다. ©권혁재

홍콩 콘지 전문 '팀초이키'의 '뎅짜이콘지'. 주윤발이 즐겨 먹는 음식이다. ©백종현

'팀초이키'의 토니 사장이 직접 만든 '뎅짜이콘지'를 들고 카메라 앞에 섰다. ©백종현

온다. 가격은 29HKD(5000원)에 불과하다.

홍콩에서 콘지, 즉 죽은 아플 때 찾는 음식이 아니다. 매일같이, 특히 아침마다 찾아 먹는 국민 먹거리다. 주윤발도 아침 조깅이나 등산 후 뎅짜이콘지를 포장해 간단다. 밀가루 튀김 빵을 쌀 전병에 넣어 먹는 '짜령(炸兩)'도 따거가 즐기는 사이드 메뉴다.

팀초이키는 문을 여는 아침 7시부터 오전 내내 긴 줄이 늘어선다. 원래 맛집이지만, '따거를 볼 수 있지 않을까' 하는 기대심리가 더해져서다. 홍콩 식당에서 따거를 여러 번 목격했다는 현지 통역 찰스에 따르면, '올 블랙' 차림이 따거의 시그니처다. 검은 옷만 입고, 키가 185㎝로 여느 홍콩인보다 커 100m 거리에서도 알아볼 수 있었단다. 홍콩백끼도 팀초이키를 비롯한 따거 출현 식당들을 시간될 때마다 찾아갔었지만 끝내 실패했다.

Tim Choi Kee
팀초이키 添財記粥粉麵咖啡

📍 35 Lung Kong Rd, Kowloon City
👍 뎅짜이콘지, 청펀

만키 카트 누들

070

주성치 영화 '식신' 속 잡탕 국수의 정체

과거에는 손수레에 면과 육수, 여러 토핑을 싣고 다니며 국수를 파는 노점이 많았다. 지금은 모두 실내로 자리를 옮겨 그 문화를 이어온다. ©백종현

'쿵푸허슬' '소림축구'와 함께 주성치의 대표작으로 한국에도 잘 알려진 영화가 1996년작 '식신'이다. 대충 요약하면, 안하무인의 요리 달인 주성치가 하루아침에 밑바닥으로 추락했다가 와신상담해 진정한 식신으로 거듭난다는 줄거리다. 영화의 첫 장면을 기억하시는지. 주인공이 노점상이 만든 '잡쇄면(雜碎麵)'을 신랄하게 깎아내린다.

"면을 찬물로 헹구지 않아 양잿물 맛이 느껴져, 위단도 형편없고, 돼지곱창은 잘 안 씻어서 똥이 다 보이잖아!"

돼지껍데기·곱창·선지·완자·무를 다 때려넣은 이 해괴한 국수의 정체는 '체자이민(車仔麵·Cart Noodle)'이다. 면과 육수, 여러 토핑을 싣고 다니는 수레에서 즉석으로 주문해 먹는 음식이라고 해서 이름에 '車(Cart)'가 붙었다. 1950~70년대 홍콩에는 즉석 음식을 파는 손수레가 흔했단다. 주로 국수·위단·청펀처럼 간단한 먹거리를 팔고 다녔다. 1980년대 홍콩 경제가 급성장하면서 비위생적이고 도시 미관을 해치는 노점상은 골칫거리로 전락했다. 그 시절의 '영웅본색'(1986), '열혈남아'(1988) 같은 영화에도 노점상이 경찰 단속을 피해 이른바 '메뚜기 장사'를 벌이는 장면이 나온다.

번화가나 육교 아래의 노점에서 국수를 말던 풍경은 이제 홍콩에서 완전히 사라졌다. 요즘에는 대신 '車仔麵' 'Cart Noodle' 같은 간판을 내걸고 실내에서 체자이민을 판다. 움직이는 수레가 고정된 주방으로 바뀌었을 뿐, 특유의 음식 문화는 여전하다. 면부터 토핑까지 일일이 맞춤 주문해 먹는 것이 체자이민의 가장 큰 특징이다.

삼수이포 '장난감 거리'에 자리한 '만키 카트 누들'을 찾았다. 실내 체자이민으로 유명한 집이다. 역시나 메뉴가 많았다. 면은 15가지, 토핑은 60가지나 됐다. 통역 찰스가 "최소한 면 이름 정도는 광둥어로 외워가야 주문할 때 낭패를 면할 수 있다"고 귀띔했다. 대부분의 체자이민 식당에서 영어가 통하지 않아서다. 찰스가 꼽은 꼭 알아야 할 면 이름은 다음과 같다.

'허펀(河粉·넓적한 쌀국수)' '미센(米線·가는 쌀국수면)' '초우민(粗麵·굵은 밀면)' '이민(伊麵·계란 가미한 노란 면. 이탈리아면에서 유래)' '우동민(烏冬

영화 '식신' 속 잡쇄면 스타일로 주문해 봤다. 면과 함께 돼지껍데기·선지·곱창 등을 넣었다. ©백종현

麵·중국식 우동면)'.

국수에 올리는 재료는 그나마 주문이 어렵지 않다. 손가락으로 하나씩 가리키며 "디스 디스(this this)"를 외치면 된다. 면 하나에 토핑을 3개 정도 올리면 45~55HKD(약 7900~9600원)다. 영화 '식신'의 기억을 되살려 돼지껍데기·선지·곱창·까레이위단을 올린 국수를 주문했다. 예상대로 볼품없었고, 기대처럼 푸짐했다. 체자이민을 파는 국숫집은 현지인이 압도적으로 많다. 홍콩을 대표하는 단 하나의 음식이 체자이민이라고는 못 하겠다. 하나 홍콩에서 가장 현지다운 한 끼를 먹어야 한다면 체자이민만 한 것도 없겠다.

Man Kee Cart Noodles
만키 카트 누들 文記車仔麵

121 Fuk Wing Street, Sham Shui Po
체자이민

베란다

071

'색, 계' 밀회의 그곳

'베란다'는 영화 '색, 계'에서 탕웨이와 양조위의 밀회 장면을 촬영한 장소다. ©백종현

우아한 치파오 차림의 탕웨이와 양복 빼입은 양조위(梁朝偉·토니 렁)가 그윽한 분위기의 레스토랑에 마주 앉아 서로를 응시한다. 이안 감독의 2007년 영화 '색, 계'의 한 장면이다. 홍콩섬 남부 '리펄스베이(淺水灣)'의 고급 레스토랑 '베란다'는 '색, 계'에서 탕웨이와 양조위가 밀회를 나누던 장소다. '색, 계'는 중일전쟁으로 일본 괴뢰정부가 들어선 1940년대의 중국, 친일파 방첩기관장과 그의 암살을 노리는 묘령의 스파이가 위험한 사랑을 나누는 영화로 한국에서 큰 화제를 모았었다.

"이곳은 손님이 거의 없네요."

"음식이 맛이 없어서요. 대화를 나누기엔 최적의 장소죠."

'베란다'의 애프터눈 티. 한 입 크기의 샌드위치를 비롯해 스콘·케이크 등이 3단 트레이에 실려 나온다. ©백종현

손님도 없고, 맛도 별로라는 방첩대장 '이(양조위)'의 말은 어디까지나 영화 대사일 뿐이다. 애프터눈 티(평일 2인 기준 688HKD · 약 12만원)를 내는 오후 3시부터 5시30분까지 베란다는 예약이 필수일 정도로 자리 경쟁이 치열하다. 바다가 내다보이는 창가 자리부터 예약이 찬다. 고풍스러운 인테리어, 그랜드 피아노, 바다가 내다보이는 너른 창은 영화 속 모습 그대로다. 에프터눈 티는 차와 함께 스콘 · 샌드위치 · 케이크 · 타르트 등 디저트가 3단 트레이에 가득 실려 나온다. 애프터눈 티를 즐기는 손님은 대개 젊은 여성이다. 토요일 오후 시간 방문했는데, 20~30대로 보이는 젊은 여성 손님뿐이었다.

홍콩에서 베란다는 '색, 계' 촬영지보다 근대 유산으로 더 유명하다. 1920년 호텔로 지어져 홍콩의 굴곡진 역사를 함께했고, 1986년 레스토랑으로 재단장해 오늘에 이른다. 노벨문학상 작가 어니스트 헤밍웨이와 조지 버나드 쇼, 할리우드 배우 말론 브랜도 등 서양의 유명인사도 방문한 명소다. 중일전쟁(1937~45) 중에는 일본군 병원으로 활용됐다.

리펄스베이는 홍콩 최고의 부촌으로 통한다. 우리 돈으로 100억원을 넘기는 고급 주택과 고층 아파트가 해안을 따라 장벽을 치고, 200m 폭의 너른 해수욕장을 앞마당처럼 품는다. 해변 곳곳에 근사한 분위기의 카페와 칵테일 바가 들어앉아 있다. 하여 리펄스베이까지 가신다면, 밥만 먹고 오지 마시라.

The Verandah
베란다 露台餐廳

109 Repulse Bay Rd, Repulse Bay
애프터눈 티

퀸즈카페

072

성지순례 부르는 장국영의 안식처

'퀸즈카페' 한편에 걸린 '아비정전' 감독과 배우들의 친필 사인이 담긴 액자. 장국영의 생전 사진도 있다. ©백종현

"발 없는 새가 한 마리 있다. 죽을 때까지 날아다니던 새. 하지만 어느 곳에도 내려앉지 못한 새."

장국영의 팬이라면 영화 '아비정전'의 마지막 대사를 잊지 못할 테다. '퀸즈카페'는 '아비정전'에 등장한 카페이자 포스터 촬영지 동시에 장국영의 실제 단골집으로, 요즘도 전 세계 팬의 발길이 끊이지 않는다. 장국영이 숨을 거둔

장국영이 즐겨 먹었다는 일명 '장국영 세트'. 우설 스튜, 보르시 등이다. ©백종현

만다린 오리엔탈 호텔, 장국영 위패를 모신 사틴 포푹힐(寶福山) 납골당, 침사추이 스타의 거리와 함께 퀸즈카페는 장국영 팬이 매년 기일(4월 1일)과 생일(9월 12일)에 맞춰 순례하는 성지다.

퀸즈카페는 3대가 70년을 이어오는 유서 깊은 곳이다. 영국 엘리자베스 2세가 여왕에 즉위한 1952년 가게를 열어 '퀸즈'라는 이름이 붙었다. '카페'로 명명했으나 주특기는 양식, 특히 러시아풍 요리다. 간단한 샐러드부터 스테이크까지 40여 가지 메뉴를 내는데, 장국영은 유독 토마토 소스로 맛을 낸 우설스튜(130HKD·약 2만3000원)와 러시아 전통 채소 수프 보르시(65HKD·약 1만1500원)를 즐겼단다.

실제 영화를 촬영했던 코즈웨이베이 지점이 2008년 문을 닫으면서 옛 사진을 비롯해 전화부스·대문·조명 등 주요 소품을 지금의 노스포인트 지점으로 옮겼다. 가게 안쪽 벽에 장국영의 옛 사진을 비롯해 '아비정전'의 주요 배우, 감독이 친필 사인한 포스터가 걸려 있다. 사인을 유심히 보고 있는데 지배인이 말했다. "아무리 먼지가 쌓여도 절대로 닦지 않는 보물입니다."

Queen's Cafe
퀸즈카페 皇后飯店

N.S.K. Centre, 500 King's Rd, North Point
우설 스튜, 보르시

침차이키

073

'화양연화' 장만옥이 홀로 먹은 그 음식

미드레벨 에스컬레이터 초입에 장국영의 단골 완탄민 가게였던 '침차이키'가 있다. ©권혁재

왕가위(王家衛·웡카와이) 감독의 영화 '화양연화' 하면 떠오르는 음식이 있다. 주인공 '소려진(장만옥)'이 즐겨 먹던 '완탄민'이다. 남편의 외도로 혼자 밥 먹을 때가 많아지면서 소려진은 습관처럼 완탄민을 사러 나간다. 완탄민은 홀로 남겨진 그녀의 허기를 달래던 음식이다.

'완탄'과 '워단' 그리고 소고기 토핑을 모두 올린 '3 토핑 누들'의 모습. 면이 안 보일 정도로 토핑이 푸짐하게 올라간다. ©권혁재

완탄민은 홍콩 서민의 입맛을 대표하는 먹거리다. 간단하고 빠르고 푸짐하다. 팔팔 끓인 육수에 완탄과 에그 누들을 넣어 먹는 국수 요리로, 어느 집에 가도 10분 안에 음식이 나온다. 완탄민은 홍콩의 많고 많은 국수 요리 중에서 제일 가성비가 좋다고 할 수 있다. 한 그릇에 7000원 정도다. 손이 덜 가거나 재료가 후진 것도 아닌데, 일본 라멘이나 베트남 쌀국수보다 2000~3000원가량 더 싸다.

센트럴에 '중경삼림' 촬영지로 유명한 미드레벨 에스컬레이터가 있고, 에스컬레이터 초입에 장국영 단골집으로 알려진 국숫집 '침차이키'가 자리한다. 침차이키의 메뉴는 간단하다. 완탄·위단·소고기, 이 세 가지 토핑 중 1개를 국수에 올리면 40HKD(약 7000원), 2개는 46HKD(약 8100원), 3개 다 올린 '3 토핑 누들'은 50HKD(약 8800원)다.

일반 만두보다 피가 얇은 완탄은 속이 새우로 꽉 차 있다. 한입 넣는 순간 입안으로 쭉 빨려 들어간다. 새우 머리, 돼지 뼈, 말린 대구를 푹 끓여 육수를 낸다. 점심시간에는 합석은 물론이고 30분 이상 줄을 설 각오를 해야 한다. 홍콩인에게 소울 푸드를 물으면, 가장 많이 돌아온 답이 완탄민이었다. 장국영에게도 완탄민은 그런 음식이었을 테다. 가슴속 허기를 채워주던.

Tsim Chai Kee
침차이키 沾仔記

98 Wellington St, Central
완탄민

홍콩 메뉴판 해독을 위한 필수 한자 30

체자이민 같은 홍콩의 서민 식당에서는 메뉴판 보는 일이 고역이다. 메뉴판에 중국어만 가득한 경우가 태반이어서다. 이미지만 촬영해도 스마트폰 AI가 외국어를 번역해 주는 시대라지만, 요리에 자주 쓰이는 필수 한자 몇 개만 외워두면 홍콩 먹방 투어는 훨씬 편하고 풍요로워진다. 가령 '燒'라는 난해한 한자 다음에 '鵝'라는 또 어려운 한자가 붙어 '燒鵝(씨우오)'라는 요리가 메뉴판에 있다고 하자. '燒'는 바비큐, 즉 구운 요리를 뜻하고 '鵝'는 거위고기를 가리킨다. 따라서 '燒鵝(씨우오)'는 거위 바비큐 요리를 의미한다. 응용도 가능하다. 이번에는 거위고기 '鵝' 자 앞에 '蒸'을 붙여 '蒸鵝(쨍우오)'라는 음식이 있다고 치자. '蒸'이 찜을 뜻하므로 이 음식은 거위찜 요리가 된다. 아래 30개 한자만 외워도 어떤 식재료를, 어떤 조리 과정을 거쳐 어떠한 음식 형태로 내는지 얼추 알 수 있다.

음식 형태

麵(민)	밀가루 면 요리	飯(판)	밥 요리
粉(펀)	쌀가루 면 요리	餃(가우)	경단, 교자
粥(쪽)	죽 요리	茶(차)	차

식재료

蝦(하)	새우	鴨(압)	오리고기
豬肉(쥐욕)	돼지고기	鵝(오)	거위고기
雞(가이)	닭고기	乳鴿(위깝)	비둘기고기
臘腸(랍청)	중국 소시지	蟹(하이)	게

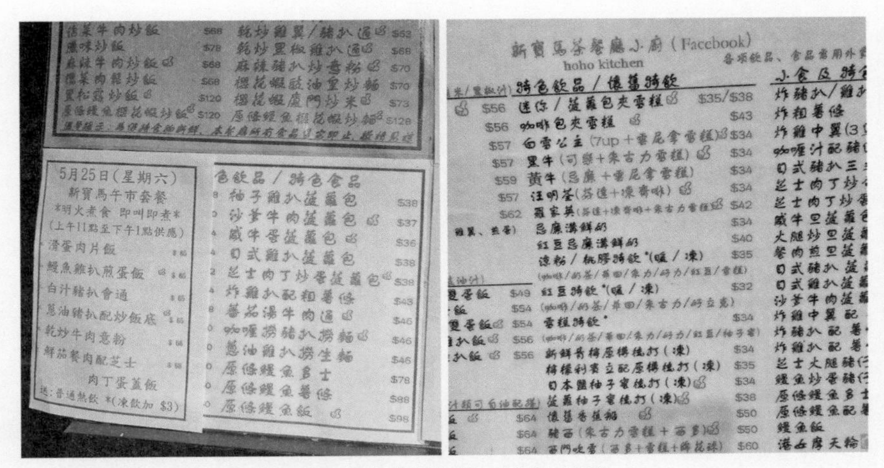

다이파이동이나 차찬텡 같은 서민 식당의 경우 한자로 된 메뉴판만 갖춘 경우도 더러 있다. ©백종현

양념 · 향신료

豉油 (씨야우)	간장	辣椒 (랏지우)	고추
蠔油 (허우야우)	굴 소스	香菜 (임싸이)	고수
葱 (총)	파	咖喱 (까레이)	카레
糖 (텅)	설탕	蒜頭 (쑨타우)	마늘

조리법

炸 (짜)	튀김	焗 (꼭)	구이
煮 (쮜)	끓인 것	燒 (씨우)	바비큐
煲 (뻐우)	졸인 것	炒 (차우)	볶음
蒸 (쨍)	찜	煎 (찐)	부침, 지짐이

알아두기

홍콩 스타의 거리

미국 LA에 '할리우드 명예의 거리'가 있다면 홍콩에는 '스타의 거리(星光大道)'가 있다. 스타의 거리는 홍콩에서 영화와 관련한 가장 이름난 관광지다. 박토리아 항구가 내다보이는 침차추이 해안에 400m 길이의 테마거리가 조성돼 있다. 모티브가 된 '할리우드 명예의 거리'처럼 유명 스타의 명판과 손도장이 거리를 빼곡하게 채웠다.

스타의 거리에 이름을 올린 홍콩 무비 스타는 성룡(成龍·재키 찬)·여명(黎明·라이밍) 등 모두 125명. 이소룡(李小龍·브루스 리), 장국영처럼 2004년 스타의 거리 조성 전에 세상을 떠난 스타는 손도장 대신 얼굴을 새겼다.

스타의 거리에는 매염방(梅艶芳 · 아니타 무이)의 청동상을 비롯해 홍콩 영화를 상징하는 여러 조형물도 설치됐다. 한 손에 진주를 든 여신이 필름을 두르고 서 있는 청동상은 '홍콩의 오스카'로 통하는 홍콩영화상의 금상장을 4.5m 높이로 재현한 것이다.

제일 인기 높은 인증 사진 명소는 단연 이소룡 동상 앞이다. '용쟁호투'의 한 장면을 옮기기라도 한 듯 웃통을 벗어젖힌 이소룡이 특유의 자세를 취하고 우뚝 서 있다. 전 세계 관광객이 이소룡 동상 앞에서 '아뵤오!'를 외치고 돌아간다.

디저트 & 카페

Dessert & Cafe

로비

타이청 뱅까

카이카이 팀반

샤리샤리

파네 에 라테

플랜테이션 티 바

커핑 룸

하프웨이 커피

헤이 데이

네이버후드 커피

홍콩 대표 간식 '딴탓'. 서양 음식을 적극적으로 받아들인 서민 식당 '차찬텡'이 대유행하면서 에그 타르트가 홍콩 대표 먹거리로 자리 잡았다. ©권혁재

홍콩 스타일
애프터눈 티

짜장면은 중국 산둥성 출신 화교 노동자들이 인천항 부둣가에서 먹던 간편식에서 출발했다. 한국에서는 중국집 간판 메뉴지만, 막상 중국에는 한국 짜장면과 같은 음식이 없다. 짜장면은 한국식 중식이거나 중식풍 한식이다.

국제도시 홍콩은 짜장면처럼 정체가 모호한 음식이 차고 넘친다. 특히 디저트와 간식에 국적 불명의 음식이 집중돼 있다. 좋은 예가 있다. 홍콩이 오랜 세월 영국 식민지였다는 역사를 증명하는 애프터눈 티다. 홍콩의 애프터눈 티는 영국 제국주의의 잔재다.

애프터눈 티는 19세기 영국 귀족 문화를 상징하는 다과 문화다. 홍차와 간식을 층층이 담은 3단 트레이가 기본 구성이다. 이름은 오후의 차이지만, 실제 주인 노릇은 3단 트레이에 쌓아 올린 간식 몫이다. 트레이 1층과 2층에는 샌드위치·스콘 같은 가벼운 음식을 3층에는 케이크처럼 달콤한 디저트를 올리는 게 보통이다.

홍콩의 애프터눈 티, 홍콩식으로 '하음차(下午茶)'는 구성이 사뭇 다르다. 샌드위치 대신에 하가우·춘권 같은 딤섬을 올리거나, 타르트나 마카롱 자리에 '딴웡린용쏘우(蛋黃蓮蓉酥·연꽃 씨앗과 오리알로 만든 중국 전통 과자)'를 놓는 레스토랑도 있다. 홍차 대신 보이차·우롱차 같은 중국 전통차를 내는 레스토랑은 훨씬 더 많다. 이 애프터눈 티는 영국 음식인가, 홍콩 음식인가.

홍콩 국민 음료 윤영이야말로 전형적인 홍콩 스타일 음료다. 홍차에 우유를 넣어 밀크티를 만들어 놓고 여기에 다시 커피를 섞는다. 이것은 차인가 커피인가, 아니 밀크티인가 카페라테인가. 홍콩의 다른 간식, 그러니까 에그 타르트, 토스트, 샌드위치, 와플도 마찬가지다. 저마다 원조가 분명하지만, 홍콩 스타일 또한 개별 장르로 인정받는다.

홍콩백끼를 취재하면서 처음 든 느낌은 난감함이었다. 홍콩다운 무언가가 보이지 않았다. 광둥요리가 기본이라지만, 서양 요리의 특성이 강한 데다 식재료 대부분이 수입산이어서 홍콩 음식의 정체성을 찾기가 어려웠다. 홍콩에서 한 달을 다 보냈을 즈음에야 어렴풋이 윤곽이 잡혔다. 홍콩 음식은 중식이기도 하고 양식이기도 했으며 동시에 중식도 아니고 양식도 아니었다. 홍콩인은 중국식 특히 광둥식에 자부심과 애정이 매우 크면서도, 놀라울 정도로 다른 문화의 음식에 거부감이 없다.

홍콩의 디저트와 베이커리 5곳, 카페와 찻집 5곳을 소개한다. 10만원이 훌쩍 넘는 럭셔리 디저트를 내는 곳도 있고, 광둥 요리 전통의 주전부리 가게도 있고, 홍콩 MZ세대가 즐겨 찾는 일본식 빙수 가게와 '인스타그래머블(instagrammable)한' 카페도 있다. 다시 말하지만, 이 모든 게 버무려져 홍콩 스타일이 완성된다.

홍콩 디저트 & 카페

디저트

럭셔리의 극치
로비

홍콩 에그 타르트의 고향
타이청 뱅까

미쉐린도 반한 전통 간식
카이카이 팀반

애망빙은 가라
샤리샤리

빵순이는 필수 체크
파네 에 라테

카페

4코스 티마카세
플레테이션 티 바

홍콩 챔피언의 커피
커핑 룸

예스러워서 더 힙하다
하프웨이 커피

연남동 바이브
헤이 데이

어시장 옆 감성 카페
네이버후드 커피

로비

074

럭셔리의 극치

1928년 개장한 특급호텔 '페닌슐라 홍콩'의 로비 라운지 '로비'의 애프터눈 티. 호텔을 상징하는 메뉴로 100년 가까이 사랑받고 있다. ©백종현

홍콩 최고(最古) 호텔에서 즐기는 호사스러운 간식. 애프터눈 티는 백년 역사를 자랑하는 '페닌슐라 홍콩'의 얼굴과도 같은 메뉴다. 홍콩 미식 문화에서 영국의 영향력을 말할 때 이보다 적절한 예는 없다.

롤스로이스 팬텀(투숙객 픽업 차량)이 도열한 입구를 지나 호텔 안으로 들어서면 라운지가 이어진다. 여기에 홍콩 제일의 럭셔리 로비 라운지 '로비'가 있다. 화려한 인테리어가 유럽의 궁전 부럽지 않다. 샹들리에 드리운 라운지에 앉아

PATEK PHILIPPE
PATEK PHILIPPE

1928년 개관한 '페닌슐라 홍콩'은 홍콩에서 가장 오래된 특급호텔이다. '로비'는 이름처럼 호텔 로비에 자리해 있다. ©백종현

턱시도 갖춰 입은 재즈 밴드의 라이브 연주 들으며 애프터눈 티를 즐기는 풍경이 매일 재현된다.

로비의 애프터눈 티는 전형적인 영국 스타일이다. 홍콩에는 케이크 대신 딤섬을 올리는 곳도 있는데, 로비는 정통 방식의 애프터눈 티를 고집한다. 송어알 샌드위치, 오이 샌드위치, 스콘, 고구마 시폰 케이크, 밤 타르트가 3단 은쟁반을 층층이 차지한다. 대신 차는 선택의 폭이 넓다. 다르질링·얼그레이·아쌈 등의 홍차는 물론이고 보이차·우롱차 같은 중국 전통차도 고를 수 있다. 마리골드 꽃잎을 띄운 히비스커스 꽃차를 홀짝이며 앙증맞은 디저트를 하나씩 음미했다.

한국에서 애프터눈 티는 20~30대 여성의 전유물처럼 소비된다. 로비에서는 아니다. 머리 희끗희끗한 노신사가 영국식 디저트를 음미하는 장면을 어렵지 않게 목격할 수 있다. 로비 관계자는 “젊은 손님도 많지만, 로비만의 우아함을 즐기는 오랜 단골이 많다”고 귀띔했다.

로비는 예약을 받지 않는다. 평일에 방문해야 기다리지 않을 수 있다. 주말에는 1시간 넘게 줄을 서기도 한다. 가격은 차라리 살벌하다. 1인 528HKD(약 9만9000원), 2인 918HKD(약 17만2000원). 10% 봉사료 별도. 애프터눈 티는 오후 2시에서 5시30분까지만 판매한다.

The Lobby
로비

GF, The Peninsula Hong Kong,
22 Salisbury Rd, Tsim Sha Tsui
애프터눈 티

타이청 뱅까

075

홍콩 에그 타르트의 고향

1954년 개업한 '타이청 뱅까'. 홍콩의 마지막 총독이었던 크리스 패튼이 수차례 기념사진을 남긴 곳으로도 유명하다. ©권혁재

홍콩이 가장 사랑하는 디저트는 누가 뭐래도 딴탓, 다시 말해 에그 타르트다. 1940년대 이후 차찬텡이 대유행하면서, 차찬텡의 주력 간식인 에그 타르트가 홍콩의 국민 먹거리로 자리 잡았다.

딴탓도 원조가 따로 있다. 포르투갈식 에그 타르트다. 그러나 포르투갈의 에그 타르트와 홍콩의 에그 타르트는 거리가 있다. 두 에그 타르트 모두 계란과 우유로 만든 커스터드가 들어가지만, 그릇 모양의 틀이 다르다. 얇은 페이

'타이청 뱅까' 센트럴점에서 하루 최대 6000개의 에그 타르트를 굽는다. ©권혁재

스트리 형태의 원조 에그 타르트가 울퉁불퉁하고 바삭한 것이 특징이라면, 딴탓은 틀이 매끈하고 쿠키처럼 두툼하다. 입에 들어왔을 때의 행복감은 두 에그 타르트가 비슷하다(칼로리가 엄청나다는 것도!).

홍콩식 에그 타르트로 가장 이름난 집이 1954년 문을 연 '타이청 뱅까'다. 홍콩 곳곳의 지점 중에서 센트럴점의 인기가 제일 높다. 타이청 뱅까 센트럴점은 홍콩의 마지막 총독이었던 크리스 패튼(Chris Patten)이 수차례 기념사진을 남긴 집으로도 유명하다. 패튼 총독은 타이청 뱅까의 에그 타르트에 진심이었다. 2022년 출간한 회고록 '홍콩일기'에서도 이 집의 에그 타르트를 언급했다.

센트럴점에서 매일 빵을 구워 지점으로 보내는데, 하루에 최대 6000개의 에그 타르트를 굽는다고 한다. 에그 타르트 개당 11HKD(약 2000원). 오리알과 연꽃 씨앗을 넣은 광둥식 전통 과자 딴웡린용쏘우(11HKD·약 2000원)도 별미다.

Tai Chung Bakery
타이청 뱅까 泰昌餅家

35 Lyndhurst Terrace, Central
에그 타르트

카이카이 팀반

076

미쉐린도 반한 광둥식 간식

광둥식 참깨 수프 '찌마우'. '카이카이 팀반'의 인기 메뉴다. 우리네 흑임자죽과 쏙 닮았다. ©백종현

홍콩에서 광동식 전통 간식을 맛보고 싶다면 구룡반도 조던역 인근의 '카이카이 팀반'을 가야 한다. 1979년부터 이어온 노포로, 광둥식 수프가 주특기다. 카이카이 팀반은 2016년부터 9년 연속 '미쉐린 가이드 빕 구르망'에 이름을 올렸다. '미쉐린 가이드'는 카이카이 팀반의 수프를 "달콤하면서도 맛이 풍부하다"고 평가했다.

카이카이 팀반이 자랑하는 메뉴는 참깨 수프에 찹쌀떡을 넣은 '찌마우(芝麻糊 · 30HKD · 약 5600원)'다. 우리네 흑임자죽과 비슷하게 생겼는데, 무려 4시간을 볶은 참깨로 수프를 끓인다고 한다. 고소한 풍미와 걸쭉한 식감 덕분에 어르신 손님의 절대적인 지지를 받는다.

달콤한 홍콩식 화채 '영찌깜로우(楊枝甘露 · 45HKD · 약 8500원)'는 남녀노소 모두 좋아하고, 단팥죽에 연꽃 씨앗을 곁들인 '홍따우싸(29HKD · 약 5400

'카이카이 팀반'은 남녀노소 모두에게 사랑받는 디저트 가게다. ©백종현

원)'는 한국인 입맛에도 잘 맞는다. 찬 수프와 따뜻한 수프 중에서 취향대로 주문할 수 있다. 차가운 수프는 '똥(凍)'. 뜨거운 건 '잇(熱)'이라고 말하면 된다. 정오부터 오전 1시까지 운영. 2024년 12월 몽콕에도 분점이 생겼다.

Kai Kai Dessert
카이카이 팀반 佳佳甜品

GF, 29 Ning Po St, Yau Ma Tei
찌마우, 영찌깜로우, 홍따우싸

샤리샤리

077

'애망빙'은 가라

홍콩은 한국보다 훨씬 덥지만, 빙수 문화는 의외로 역사가 짧다. 뜨거운 차를 즐기는 중국인의 식성을 물려받아서다(중국 전통 의학은 만병의 근원을 찬 음식에서 찾는다). 찬 음료는 종종 마셔도, 작정하고 얼음을 갈아서 퍼먹는 빙수 같은 건 유례가 없다.

홍콩에 빙수 문화가 상륙한 건 2010년 이후다. 한국·일본·태국·싱가포르 등 아시아 주변국의 인기 빙수가 하나둘 수입되면서 홍콩 사람도 빙수 맛을 알게 됐다. 특히 젊은 층의 인기가 뜨겁다. 요즘 홍콩 MZ세대 사이에서 선풍적인 인기를 끄는 곳이 일본식 빙수 가게 '샤리샤리'다. 센트럴·몽콕·코즈웨이베이·침사추이 등 어지간한 번화가에는 다 있다. 어느 지점이든 한낮에는

'샤리샤리'의 대표 메뉴 녹차 빙수와 얼그레이 우유 빙수. ©백종현

문밖까지 긴 줄이 이어진다.

샤리샤리는 곱게 간 얼음에 시럽만 뿌린 이른바 '가키고오리(かき氷)' 빙수를 낸다. 가키고오리는 '애망빙(애플망고빙수)'처럼 고급 과일을 잔뜩 올리는 한국의 프리미엄 빙수와 정반대 스타일의 빙수다. 샤리샤리 센트럴점의 매니저는 "화려한 외형보다 기본과 품질 자체에 중점을 둔다"고 강조했다. 매니저가 베스트셀러라고 찍어준 메뉴는 녹차 빙수와 얼그레이 우유 빙수. 얼음을 얼마나 곱게 갈았는지 입에 넣자마자 솜사탕처럼 사라졌다. "사진 촬영은 20초 안에! 녹기 전에 입에 넣어 빙수의 질감을 느껴보세요"라는 안내 문구에 고개를 끄덕였다. 빙수 1그릇에 100~120HKD(약 1만8500~2만2500원)다.

Shari Shari Kakigori House

샤리샤리

11 Old Bailey St, Central

녹차 빙수, 얼그레이 우유 빙수

파네 에 라테

078

빵순이는 필수 체크

홍콩섬 남부 끄트머리의 스탠리(赤柱)는 식민지 시대 영국 정부의 임시 행정부가 들어섰던 유서 깊은 항구도시다. 리펄스베이와 더불어 홍콩의 대표적인 부촌으로 통하는데, 근사한 분위기의 노천카페와 레스토랑, 유럽풍 건축물이 바다를 마주 보고 도열해 있다. 우리의 강릉 카페거리나 제주도 월정리 해변처럼 연중 관광객이 끊이지 않는다.

요즘 스탠리 최고의 핫플레이스는 2021년 해변 모퉁이에 문을 연 베이커리 카페 '파네 에 라테'다. 그림 동화책에서 오려낸 듯한 파스텔 톤 건물 앞에서서 너나 할 것 없이 인증 사진을 담아간다. 맛도 소문났다. 이탈리아 말로 빵(Pane)과 우유(Latte)라는 소박한 이름과 달리, 수십 종류의 빵과 쿠키를 매일 굽는다. 당신이 빵에 진심이라면 홍콩 여행 필수 코스로 적어두시라 권한다. 족히 20m는 돼 보이는 유리 진열장 안에 오색 빛깔 빵과 쿠키가 진열돼 있는 모습만 봐도 행복에 겨우실 테다.

오렌지향 감도는 크림빵 '크루아상 봄볼리니(42HKD·약 7800원)'가 최고 인기 메뉴다. 기본 크루아상은 하나에 24HKD(약 4500원). 피자·파스타 같은

스탠리의 '파네 에 라테'. 오렌지향 감도는 크림빵 '크루아상 봄볼리니'와 '트러플·계란을 곁들인 크루아상'이 인기 메뉴다. ©백종현

일품요리도 있다. 손님이 워낙 많고 주문이 밀리는 경우가 많아 음식을 따로 주문하는 것보다 진열대에서 빵을 직접 고르는 편이 여러모로 낫다.

Pane e Latte
파네 에 라테

25 Stanley Market Rd, Stanley
크루아상 봄볼리니

홍콩 국민 간식 9

까레이위단(咖喱魚蛋)

카레맛 어묵

주청펀(豬腸粉)

떡볶이 모양의 쌀떡

까이단자이(雞蛋仔)

에그 와플

영찌깜로우(楊枝甘露)

망고 사고(Sago)

따우푸화(豆腐花)

두부 푸딩

딴탓(蛋撻)

홍콩식 에그 타르트

야우짜꽈이(油炸鬼)

홍콩식 도넛

보로바오(菠蘿包)

파인애플 번

사이토시(西多士)

프렌치 토스트

플랜테이션 티 바

079

4코스 티마카세

'플랜테이션 티 바'는 4코스로 된 90분짜리 티 체험 프로그램을 운영한다. 빗자루(Brooms)라는 별명이 붙은 백차가 유명하다. ©백종현

"이른 봄에 딴 찻잎을 분쇄하지 않고 그대로 말린 백차입니다. 어떠한 향료도 더하지 않았지만, 맛과 향이 풍부하고 섬세하죠. 좋은 야생 찻잎은 그 땅의 풍토와 기운까지 머금게 마련이거든요."

홍콩섬 홍콩대학 인근의 '플랜테이션 티 바'는 이른바 '티마카세(티+오마카세)' 전문 찻집이다. 칵테일 바에 바텐더가 있다면, 이곳에는 차를 내리고

세계 각지에서 공수한 고급 야생차를 기본으로 다양한 차와 티 칵테일을 선보인다. ©백종현

설명을 들려주는 일명 '티 마스터'가 있다. 중국·대만·중국·일본·인도에서 공수한 고급 야생차를 기본으로 다양한 차와 티 칵테일을 선보인다. 코스마다 살구 쿠키, 쌀 아이스크림, 두부피 롤 같은 간식이 딸려 나온다.

'빗자루(brooms)'라는 이름이 붙은 백차가 기억에 남는다. 찻잎을 빗자루처럼 묶은 뒤 그 위에 물을 흘려 차를 내리는 방식이 눈길을 끌었고, 향긋하면서도 개운한 맛이 기분이 좋았다. 젖먹이 돼지 통구이를 먹은 뒤 종일 가시지 않던 기름기가 빗자루 한 모금에 단번에 사라지는 신묘한 경험을 했다. 가격도 그렇고 분위기도 그렇고, 찻집이라기보다 칵테일 바 같다. 4코스(90분) 1인 420HKD(약 7만9000원), 2인 672HKD(약 12만6000원), 10% 봉사료 별도.

Plantation Tea Bar
플랜테이션 티 바 半坡茶莊

18 Po Tuck St, Shek Tong Tsui
4코스 티 체험

커핑 룸

080

홍콩 챔피언의 커피

'커핑 룸'의 페니 팽 바리스타. 2023년 홍콩 바리스타 챔피언십 우승자다. '커핑 룸'은 홍콩에만 7곳의 매장을 두고 있다. ©백종현

‘커핑 룸’은 ‘스페셜티 커피(고품질 커피)’로 홍콩에서 독보적인 브랜드를 일군 카페다. 센트럴·셩완 등지에 매장을 7곳이나 두고 있다. 커핑 룸 매장 7곳은 하나같이 손님으로 가득하다. 2014년 월드 바리스타 챔피언십 준우승을 비롯해 숱한 대회를 휩쓴 오너 바리스타 카포 치우(Kapo Chiu)의 커피를 경험하겠다고 찾아온 젊은 층 덕분이다.

커핑 룸은 아프리카·남미 등지의 커피 농장에서 원두를 들여와 직접 로스팅한 커피만 쓴다. 그 종류가 대략 15종에 이른다. 스페셜티 커피의 오묘한 과일향과 꽃향을 구별할 수 있는 커피 마니아는 물론이고, 어떤 커피를 마셔도 차이를 모르겠다는 초보도 스페셜티 커피를 즐기고 간다. 상호의 ‘Cupping’은

커피를 맛보고 평가하는 행위를 가리키는 커피 용어다.

빅토리아 하버가 내다보이는 서구룡의 커핑 룸 매장에 들렀다가 2023년 홍콩 바리스타 챔피언십 우승자 페니 팽의 커피를 맛볼 수 있었다. 커핑 룸이 배출한 수많은 정상급 바리스타 중 한 명이다. 바닷바람 맞으며 커피를 음미해서일까. 맛과 향이 유난히 산뜻하고 상쾌했다. 아메리카노 40HKD(약 7500원), 핸드 드립 커피 70HKD(약 1만3000원)다.

Cupping Room
커핑 룸

LG, Hong Kong Palace Museum, 8 Museum Dr, Yau Ma Tei
핸드 드립 커피

하프웨이 커피

081

예스러워서 더 힙하다

골동품 거리로 유명한 캣 스트리트. 이 낡은 골목 안쪽에 감성 카페 '하프웨이 커피'가 있다. 빈티지 찻잔에 커피를 담아준다. ©백종현

홍콩섬 셩완 안쪽 어퍼 레스카 길은 '캣 스트리트'라는 별명으로 더 유명하다. 과거 장물아비가 떼를 지어 장사하던 골목이어서다. 홍콩에서는 예부터 도둑은 쥐, 장물아비는 고양이라고 불렀단다. 지금도 각종 골동품과 기념품, 액세서리 파는 상점들이 골목을 빼곡히 채운다. 코로나 이전만 해도 이소룡과 장국영의 포스터가 골목 최고의 인기 상품이었으나 요즘은 마오쩌둥(毛澤東) 초상화를 내건 가게가 부쩍 늘었단다.

이 복잡한 구멍가게들 사이에 다소곳한 자세로 들어앉은 카페가 '하프웨이 커피'다. 우리네 인사동처럼 외국인 관광객이 캣 스트리트를 줄지어 찾아오는데, 쇼핑을 마친 외국인 관광객이 정해진 코스처럼 하프웨이 커피를 방문한다.

소셜미디어에 인증 사진이 가장 많이 올라오는 메뉴가 라테와 레몬 타르트다. 말린 파인애플과 과일이 레몬 타르트와 함께 나온다. ©백종현

하프웨이 커피는 자리가 없는 경우가 많다. 자리가 없더라도 웬만하면 테이크아웃 하지 말고 자리가 나길 기다리시라 권한다. 카페에 앉아서 마시는 커피가 각별하기 때문이다. 커피 맛도 준수하지만, 화려한 문양의 도자기 잔에 커피가 담겨 나온다. 바 안쪽으로 각양각색의 찻잔이 100개 이상 쌓여 있다. 아메리카노가 45HKD·약 8500원 선이다. 레몬 타르트(88HKD·약 1만 6500원)를 비롯한 디저트와 브런치 메뉴도 하나같이 예쁘다. 특히 라테를 곁들인 레몬 타르트는 소셜미디어에서 인증 사진이 가장 많이 올라오는 메뉴다.

Halfway Coffee
하프웨이 커피 半路咖啡

26 Upper Lascar Row, Sheung Wan
커피, 레몬 타르트

헤이 데이

082

연남동 바이브

'홍콩의 연남동'으로 통하는 타이항의 인기 카페 '헤이 데이'. 반려견도 입장이 자유롭다. ©백종현

홍콩섬 타이항은 홍콩의 신흥 명소다. 홍콩에서 가장 소란스러운 번화가라 할 수 있는 코즈웨이베이 인근에 자리한 아담한 동네인데, 낡은 건물 늘어선 골목 안쪽으로 근사한 분위기의 카페와 디저트 가게가 점점이 박혀 있다. 누가 어떤 영문으로 퍼트렸는지는 모르겠으나 '홍콩의 연남동'이라는 애칭이 제법 잘 어울린다.

'차찬텡' 챕터에서 돼지갈비 올린 라면 '쭈파민' 맛집으로 소개한 골목 식당 '빙키' 바로 옆에 브런치 카페 '헤이 데이'가 자리한다. 빙키가 홍콩풍 물씬 풍기는 노포라면 헤이 데이는 홍대 거리 분위기의 젊은 카페다. 헤이 데이는 사방으로 너른 창이 나 있다. 어느 자리에 앉아도 햇살 아래서 커피를 즐길 수 있다.

커피와 함께 수제 롤케이크(60HKD·약 1만1000원), 닭가슴살 바비큐와 아보카도 샐러드(128HKD·약 2만4000원) 같은 메뉴를 낸다. 오전 11시에서 오후 5시 사이 케이크나 브런치 메뉴를 주문하면 커피를 18HKD(약 3300원)만 받는다. 헤이 데이는 타이항 반려인의 사랑방 같은 장소다. 쭈파민으로 배를 채우고 커피 한잔하러 들렀다가 귀여운 강아지들을 원 없이 구경하고 왔다.

Hey Day
헤이 데이

5 Shepherd St, Tai Hang
커피, 롤케이크

커피와 함께 롤케이크가 인기 메뉴로 꼽힌다. ©백종현

코즈웨이베이 인근에 '홍콩의 연남동'의 불리는 타이항이 있다. ©백종현

네이버후드 커피

083

어시장 옆 감성 카페

'네이버후드 커피'는 아트 갤러리 또는 여행 안내소 분위기의 카페다. 어망과 옛 그림 등 어촌 분위기를 살린 인테리어가 눈길을 끈다. ©백종현

홍콩섬 서남부의 애버딘은 홍콩을 대표하는 어촌이다. 1950년 건립된 홍콩 최대 규모 수산시장이 여기에 있다. 홍콩 전체 해산물의 70%가 애버딘에서 유통된다는 보고도 있다. 미쉐린 1스타 레스토랑 '체어맨'의 오너 셰프 대니 입도 새벽마다 이곳에서 생선을 사 간다. 도매시장이지만, 시장 주변으로 해물 식당이 몰려 있는 데다 바다 전망이 빼어나 관광객도 많다.

생선 비린내만 진동할 것 같은 이곳에도 아기자기한 분위기의 카페가 속속 들어서고 있다. 수산시장 앞 '네이버후드 커피'는 애버딘 항구에 들렀다가 발견한 보석 같은 카페다. 요약하자면 작은 아트 갤러리이자, 여행 안내소 느낌의 감성 카페다.

애버딘의 역사를 담은 다양한 책자와 벽화, 어망을 활용한 독창적인 샹들리에, 어부의 땀이 밴 등나무 모자, 교회에서 떼어 온 듯한 낡은 벤치 등 구석구석 둘러보는 재미가 있다. 꿀을 넣은 '홍콩 허니 라테(45HKD · 약 8000원)'가 대표 메뉴. 브런치 메뉴 중에는 아보카도와 구운 연어로 만든 샌드위치(110HKD · 약 2만원)가 인기다. 지역 아티스트가 작업한 안내 지도도 얻어갈 수 있으니 꼭 챙기시라. 참고로 애버딘에서는 삼판선(중국식 소형 목선)과 수상가옥 등 옛날 홍콩의 생활방식을 관람하는 보트 투어 상품이 인기다.

Neighbourhood Coffee
네이버후드 커피 鄰里

GF, ABBA Arcade, Aberdeen
홍콩 허니 라테

Shop
neighbourhood coffee
223
& Grill

홍콩 뷰 맛집 It Place

유카 드 락

아쿠아 루나

크루즈 레스토랑&바

휴 다이닝

풀 테라스

인스타그램에서 봤던 그 맛집 그 풍경

인증 사진의 시대. 여행에서 사진은 떼려야 뗄 수 없는 필수 조건이다. 촬영 기능을 장착한 휴대전화, 아니 통화도 가능한 고성능 카메라, 나아가 촬영은 기본이고 편집도 뚝딱 해버리는 통신 겸용 디지털카메라를 온 세상 사람이 온종일 쥐고 사는 세상에서 여행은 촬영을 위한 수단처럼 소비되고 있다. 예외는 없다. 그 콧대 높던 프랑스와 이탈리아 문화부도 시대 흐름에 고개를 숙였다. 2014년부터 두 나라 박물관과 미술관의 내부 촬영이 가능하다. 바야흐로 찍혀야 팔리는 시대다.

홍콩 여행의 백미도 실은 사진에 있다. 항구를 가득 메운 초고층 빌딩, 황홀할 정도로 눈부신 야경, 기하학적 구도의 골목, 도로를 장식하는 2층 트램과 빨간 택시, 여기에 보기만 해도 식욕을 당기는 음식까지. 홍콩이 세계적인 관광 대국으로 올라선 건, 일단 사진으로 담을 게 많아서다. 홍콩백끼도 사진 찍다가 홍콩에서의 한 달을 다 보냈다. 촬영한 사진은 약 4만5000장. 용량은 2000GB에 달한다.

홍콩의 전망 좋은 식당 5곳을 추렸다. 그렇다고 맛을 포기하지는 않았다. 시각적 즐거움과 혀끝의 만족감을 모두 채워주는 '뷰 맛집'만 엄선했다. 고백하자면 오늘 출연하는 식당의 경쟁률이 제일 치열했다. 홍콩 맛집은, 저마다 이유로 훌륭한 여행 사진을 만들어 내는 곳이어서다.

홍콩 여행을 처음 작정하신다면 '일러두기'에서 따로 추린 사진 명당 4곳이 요긴할 테다. 전 세계 MZ세대가 홍콩 여행에서 필수로 발 도장 찍고 간다는 인스타그램 '인생샷' 성지와 개별 촬영 노하우를 정리했다.

©권혁재

유카 드 락

084

홍콩 최고의 전망대

빅토리아 피크 정상 라이언스 전망대에서 기념사진을 찍고 있는 홍콩 가족. 해마다 약 700만 명이 빅토리아 피크를 방문한다. ©백종현

빅토리아 피크 정상의 쇼핑몰에 전망 좋은 식당이 널려 있다. ©백종현

홍콩의 허다한 전망 포인트 중에서 가장 멋있는 곳은 어디일까. 홍콩에서 물어보면 못해도 절반은 "빅토리아 피크"라고 답한다. 만장일치 답변을 받아내는 방법도 있다. 이렇게 물어보면 된다. "홍콩에서 가장 유명한 전망 포인트가 어디죠?"

빅토리아 피크(552m)는 홍콩섬에서 제일 높은 봉우리다. 헷갈리지 마시라. 홍콩 최고봉은 아니다. 홍콩 최고봉은 구룡반도에 있는 타이모산(大帽山·957m)이다. 그럼에도 빅토리아 피크는 홍콩 최고의 전망 포인트이자 가장 인기 높은 명소다. 빅토리아 피크 정상 라이언스 전망대(Lions Pavilion)에 서면 예의 익숙한 홍콩의 빌딩숲이 한눈에 들어와서다. 한국 여행사가 운영하는 패키지상품에도 꼭 들어 있다. 빅토리아 피크는 오로지 전망 하나로 매년 700만 명을 불러 모은다.

라이언스 전망대는 홍콩 최고의 사진 명소다. 그러나 성공적인 인생 사진을 남기는 건 의외로 까다롭다. 인증 사진 명당을 놓고 전 세계 관광객과 전 세계 관광객과 몸싸움도 감수해야 하기 때문이다. 편법이 있긴 하다. 빅토리아 피크 정상의 두 쇼핑몰 '피크 갤러리아(Peak Galleria)'와 '피크 타워(The Peak Tower)'의 레스토랑이나 카페를 이용하면 된다. 비용을 감수해야 하지만, 자리 경쟁으로 인한 스트레스는 피할 수 있다.

홍콩백끼가 추천하는 전망 포인트는 피크 갤러리아 2층에 자리한 레스토랑 '유카 드 락'의 테라스다. 유카 드 락은 구룡반도 북부 타이포 지역에서 1963년 개업한 유서 깊은 레스토랑이다. 2005년 문을 닫았는데, 2022년 빅토리아 피크 정상에 다시 문을 열었다. 특제 향신료를 가미해 튀겼다는 비둘기 요리 '홍씨우위깝(168HKD·약 3만1000원)'을 비롯해 추억의 메뉴를 옛 모습 그대로 복원했다. 홍콩 도심 전경은 물론이고, 관광객 붐비는 라이언스 전망대를 내려보면서 고상하게 비둘기 살을 뜯을 수 있다.

빅토리아 피크 정상으로 가는 방법은 크게 세 가지다. 트램을 타거나, 버스를 타거나, 걸어서 오르거나. 트램은 오전 7시30분부터 오후 11시까지 운행한다. 어른 요금 298HKD(약 5만5000원). 버스 요금은 12.1HKD(약 2200원)에 불과하다(상행은 오른쪽, 하행은 왼쪽 좌석이 전망 명당이다). 피크 트램 정류장부터 피크 타워까지 걸어 오르려면 1시간쯤 걸린다. 거리는 약 2.5㎞. 경사가 있어 만만하지는 않다.

피크 갤러리아 2층의 '유카 드 락'은 비둘기 요리 '홍씨우위깝' 맛집으로 유명하다. ©백종현

Yucca De Lac

유카 드 락 雍雅山房

📍 2F, Peak Galleria, 118 Peak Road, The Peak

👍 비둘기 통구이

아쿠아 루나

085

연인 위한 낭만 보트

홍콩의 명물 '아쿠아 루나'. 빅토리아 하버를 누비는 유람선으로 '딤섬 크루즈' '애프터눈 티 크루즈' 같은 '푸드 크루즈'를 운항한다. ©백종현

빅토리아 하버에는 명물이 두 개 있다. 하나는 여객선이고 다른 하나는 유람선이다. 두 명물 모두 빅토리아 하버를 감상하는 방법이자 여행 수단이다. 하나씩 살펴보자.

우선 스타 페리(Star Ferry). 이름 그대로 페리, 즉 여객선이다. 교통수단이므로 신속하고 정확해야 한다. 스타 페리는 8분 안에 구룡반도와 홍콩섬을 연결한다. 그래도 볼 건 다 본다. 빅토리아 하버부터 스카이 라인, 홍콩대관람차까지 홍콩의 주요 전망이 주르륵 지나간다. 스타 페리의 경쟁력은 싼 요금이다. 1층 자리는 4HKD(약 700원), 2층 자리는 5HKD(약 900원)다.

또 다른 명물이 '아쿠아 루나'다. 2층 구조의 목조 유람선으로, 붉은 돛 펄럭이는 꼴이 우리의 황포돛배와 비슷하게 생겼다. 광둥어 이름은 '청포차이(張保仔)'. 19세가 청나라에서 활약한 해적에서 이름을 따왔다고 한다.

아쿠아 루나는 관광객을 상대로 한 유람선이어서 다양한 테마의 크루즈를 운항한다. '선셋 크루즈'도 있고 '야경 크루즈'도 있다. 미식 도시인지라 '푸드 크루즈'도 띄운다. 이를테면 '딤섬 크루즈'(399HKD · 약 7만4000원)는 새우 교자 하가우를 비롯해 씨우마이·천꾼·딴탓 등 9개 딤섬을 맛보며 세일링을 즐긴다. 2025년 설 연휴에는 1598HKD(약 29만4000원)짜리 '설 특선 불꽃놀이 크루즈'를 운항했다.

아쿠아 루나 테마 크루즈 중 '애프터눈 티 크루즈(399HKD·약 7만4000원)'를 탔다. 나무로 된 중국식 3단 트레이에 딤섬·마카롱·티라미수·스콘 등이 딸려 나왔다. 느긋한 속도로 홍콩 앞바다를 유람하며 애프터눈 티 세트와 샴페인을 맛봤다. 크루즈는 90분간 침사추이 선착장을 출발해 센트럴 하버 프론트~홍콩컨벤션센터~코즈웨이베이~카이탁크루즈 터미널 공원~스타의 거리 등을 스치듯 지나갔다. 문득 돌아보니 짝 없는 탑승객은 나 혼자뿐이었다. 혼행족에겐 권하지 못하겠다.

Aqua Luna
아쿠아 루나 張保仔

Public Pier, 1, Tsim Sha Tsui
애프터눈 티, 딤섬

영국식 애프터눈 티와 달리 딤섬과 홍콩식 에그 타르트가 함께 올라온 게 눈에 띈다. ©백종현

'애프터눈 티 크루즈'는 젊은 연인이나 20대 여성에게 인기다. ©백종현

크루즈 레스토랑&바

086

홍콩섬 최북단에서 보는 뷰

←
하얏트 센트릭 호텔 23층의 '크루즈 레스토랑&바'. 홍콩섬 최북단 노스포인트의 끄트머리에 자리해 시원한 바다 전망을 누릴 수 있다. ©백종현

지도에서 홍콩섬을 보면 새우처럼 생겼다. 잔뜩 등 구부린 새우. 새우 등에 해당하는 지역이 홍콩섬 최북단의 노스포인트다. 홍콩섬 최대 번화가 센트럴에서 자동차로 약 15분 거리다.

노스포인트는 의외로 가볼 데가 많은 지역이다. 트램이 시장 안을 관통하는 이색 풍경으로 유명한 '천영가(春秧街)', 장국영의 단골집이었던 '퀸즈카페', ㄷ자형으로 둘러싸인 주상복합 건물 '익청빌딩(益昌大廈·몬스터빌딩)' 등등 명소가 곳곳에 박혀 있다. 낮에는 저마다 다른 노스포인트에서 놀다가 해 질 무렵이면 다들 노스포인트의 북쪽 해안으로 모여든다. 전망 좋은 카페와 레스토랑이 줄지어 있어서다.

노스포인트 북쪽 해안의 수다한 전망 포인트 중에서 '하얏트 센트릭 홍콩'의 '크루즈 레스토랑&바'가 자리 경쟁이 제일 치열한 명당이다. 홍콩 앞바다가 한눈에 펼쳐지는 호텔 23층에 레스토랑이 들어섰다. 센트럴이나 침사추이에서는 시야가 꽉 찰 정도로 밀집된 스카이라인이 특징이라면, 노스포인트는 한가롭고 탁 트인 전망이 강점이다.

크루즈 레스토랑&바는 '랍스터 나이트' '와규 마니아' 식으로 요일마다 다른 콘셉트의 코스 요리를 선보인다. 굴 요리가 나오는 월요일은 예약을 서둘러야 한다. 최소 2주일 전에 예약해야 성공할 수 있다. 오이스터 셀레브레이션 4코스 428HKD(약 7만8000원). 단품 메뉴 중에는 일본산 부시리회(218HKD · 약 4만원)와 와규를 곁들인 마싸만 커리(298HKD · 약 5만4500원)와 농어 튀김(388HKD · 약 7만1000원)이 인기다. 오후 5시부터 영업한다.

하얏트 센트릭은 캐주얼한 분위기를 강조하는 특급호텔이다. 크루즈 레스토랑 앤 바도 분위기가 자유롭다. 특급호텔답지 않게 힙합이나 팝송이 울려 퍼진다. 가격도 합리적이고, 복장 규정도 따로 없다. 특히 칵테일이 홍콩 시내의 웬만한 칵테일 바보다 싸다. 힙합 가수 드레이크의 얼굴 그림을 잔에 붙인 '드레이크 패션푸르트(Drake: Passionfruit)', 유니콘처럼 생긴 풍선에 칵테일을 담아주는 '레인보우 유니콘(Rainbow&Unicorns)'이 인기다. 칵테일 1잔에 118~138HKD(약 2만1500~2만5000원)다.

Cruise Restaurant&Bar
크루즈 레스토랑&바

23F, Hyatt Centric Victoria Harbour,
1 North Point Estate Ln, North Point
부시리 회, 농어 튀김, 드레이크 패션푸르트

일본산 부시리 회와 농어 튀김. 칵테일 '드레이크: 패션프루트'도 인기가 높다. 드레이크의 얼굴을 잔에 붙여 서빙한다. ©백종현

휴 다이닝

087

고도로 계산된 뷰 맛집

침사추이 홍콩 예술 박물관 2층에 자리한 '휴 다이닝'. 탁 트인 빅토리아 하버 뷰를 자랑한다. ©백종현

란타우섬의 홍콩 국제공항과 홍콩 디즈니랜드, 서구룡 문화지구의 미술관 '엠플러스', 홍콩에서 가장 높은 국제상업센터, 센트럴 부둣가의 홍콩대관람차….

이들 명소에는 공통점이 있다. 모두 바다를 메운 땅에 건립했다. 제2차 세계대전 이후 홍콩 정부는 대대적인 간척사업을 벌였다. 부족한 영토를 늘려야 했다. 2018년 홍콩 정부 자료에 따르면, 홍콩 전체 면적의 6%가 매립지다.

홍콩에서 가장 최근에 탈바꿈한 땅이 구룡반도 침사추이 해안의 '빅토리아 독사이드(Victoria Dockside)'다. 1970~80년대에 건설된 복합 상가 뉴월드센터와 스타의 거리 등을 헐고 2019년 새로운 모습으로 단장했다. 무려 3조7000억원을 투입한 대공사 끝에 'K11 뮤제아(쇼핑몰)'와 '로즈우드 홍콩(호텔)'이 새로 들어섰고, 침사추이 해안 산책로와 스타의 거리가 단정하게 정비됐다.

빅토리아 독사이드 한쪽의 '홍콩예술박물관(香港藝術館 · HKMOA)'은 2019년 공사 이후 호주식 레스토랑 '휴 다이닝'을 오픈했다. 건물 1층(한국식으로는 2층)에 자리한 휴 다이닝은 전망을 치밀하게 계산한 레스토랑이다. 빅토리아 하버 방향의 좌석을 계단 형태로 배치했고, 극장 스크린처럼 큰 창을 설치했다. 전략적인 공간 배치 덕분에 휴 다이닝은 오픈 하자마자 전망 명소로 떠올랐다. 자리 경쟁이 치열해 추가 요금을 받았을 정도다. 200HKD(약 3만7000원)를 더 내야 창가 자리를 내줬다.

휴 다이닝은 2층 높이에 불과하지만, 시야를 가리는 장애물이 없어 전망이 장쾌하다. 스타의 거리처럼 관광객으로 붐비는 일도 없고, 땡볕에 시달릴 걱정도 없다. '심포니 오브 라이트(빅토리아 하버에서 매일 오후 8시 시작하는 라이트 쇼)'가 열리는 저녁 시간은 예약이 필수다. 참고로 라이트 쇼가 진행되는 시간 침사추이 해안 산책로는 서울 명동처럼 인파에 떠밀려 다닌다.

예술관에 들어선 레스토랑이어서 내부도 예술적이다. 데이미언 허스트, 패트릭 루빈스타인 등 세계적인 예술가의 작품이 레스토랑을 장식한다. 2코스 런치 380HKD(약 7만원), 3코스 디너 780HKD(약 14만3000원). 칵테일 120~140HKD(약 2만2000~2만5500원). 모든 메뉴는 10% 봉사료 별도다.

Hue Dining
휴 다이닝

1F, HKMoA, 10 Salisbury Rd, Tsim Sha Tsui
스테이크, 해산물 요리

'휴 다이닝'의 대표 메뉴들. 와규 스테이크, 사과·레몬 드레싱을 곁들인 생굴, 만두 모양의 파스타 요리 라비올리. ©백종현

풀 테라스

088

도심 속 오아시스

포시즌스 호텔 홍콩 6층 야외 인피니티 풀. 수영장 끄트머리에 서면 자동으로 인생 사진 구도가 완성된다. ©백종현

홍콩의 특급호텔은 대부분 '전망 맛집'이다. 이를테면 구룡반도의 '리츠칼튼 홍콩'은 세계에서 제일 높은 루프탑 바(118층)와 최고 높이의 실내 수영장(118층)을 자랑한다. 리츠칼튼 홍콩처럼 높지는 않지만, '포시즌스 호텔 홍콩'의 전망도 밀리지 않는다. 되레 46층의 포시즌스 호텔 홍콩이 리츠칼튼 홍콩보다 전망이 더 낫다는 사람도 많다. 전망이 꼭 높이와 직결하는 건 아니다.

포시즌스 호텔 홍콩은 센트럴 페리 부두 바로 뒤편에 자리한다. 바다 건너 구룡반도에서 바라보면 거대한 등대처럼 서 있는 건물이 포시즌스 호텔 홍콩이다. 그러니까 포시즌스 호텔 홍콩과 리츠칼튼 홍콩은 서로 마주 보는 사이다. 다시 말해 서로의 전망이 되어주는 관계다.

포시즌스 호텔 홍콩의 최고 전망 포인트는 꼭대기인 45층이 아니다. 6층

포시즌스 호텔 홍콩 인피니티 풀에 딸린 스낵바 '풀 테라스'. 버거 같은 스낵과 칵테일·스무디 등의 음료를 판다. ©백종현

야외 인피티니 풀이다. 인피니티 풀에 누우면 구룡반도의 스카이라인과 정확히 눈을 맞출 수 있어서다. 수영장 앞으로 빅토리아 하버 전망이 거침 없이 펼쳐지고, 수영장 뒤로는 빌딩 숲이 병풍처럼 둘러싼다. 포시즌스 호텔 홍콩의 6층 인피니티 풀처럼 개방감과 아늑함을 동시에 느낄 수 있는 곳은 많지 않다.

인피니티 풀 옆에 '풀 테라스'라는 바가 딸려 있다. 수영에는 관심 없고 전망만 즐기러 오는 손님도 많다. 그러나 아무나 즐길 수는 없다. 인피니티 풀과 풀 테라스가 투숙객 전용 공간이어서다. 하룻밤 방값으로 최소 90만원을 써야 입장이 허락된다.

풀 테라스는 메뉴가 다양하다. 이 중에서 '베리(스트로베리·블루베리·라즈베리를 갈아 넣었다)' '아보카도 크러시(키위·애플 주스에 아보카도를 갈아 넣었다)' 같은 이름의 스무디(130HKD·약 2만4000원)가 시그니처 메뉴다. 커피 85HKD(약 1만5000원), 칵테일 160HKD(약 2만9500원). 모든 메뉴 10% 봉사료 별도다.

Pool Terrace
풀 테라스

6F, Four Seasons Hotel Hong Kong, 8 Finance St, Central
스무디, 칵테일

홍콩 인생 사진 성지 4

홍콩까지 왔는데 인생 사진 하나 정도는 남겨 가야 하지 않겠는가. 사진 한 장으로 세계적인 명소가 된 홍콩의 핫플레이스 4곳을 모았다.

익청빌딩

영화 '트랜스포머' 속 그곳.
엄청난 밀도의 ㄷ자형 주상복합.
계단 맨 아래에서 촬영해야 건물이 다 담긴다.
주민이 살고 있다. 소란은 금물.
지하철 쿼리베이역에서 걸어서 4분.

#익청빌딩 #YickCheongBuilding #MonsterBuilding #MontaneMansion #益昌大廈

일명 '몬스터 빌딩'으로 불리는 익청빌딩에 왕육성 사부, 박찬일 셰프가 찾았다. ©권혁재

덩라우 벽화

홍콩에서 가장 인기 있는 벽화 골목.
'할리우드 로드'로 알려져 있지만, 정확한 주소는 '46 Graham street'.
지하철 센트럴역에서 걸어서 10분.

#덩라우벽화 #嘉咸街壁畫 #할리우드로드 #荷李活道 #Graham Street #嘉咸街

할리우드 로드의 덩라우 벽화. 현지인보다는 외국인 관광객에게 인기 높은 포토존이다. ©백종현

초이홍아파트

홍콩에서 가장 아름답다는 아파트.
무지개 색깔 아파트와 농구 코트의 색감이 드러나도록 원경으로 찍기.
시한부 포토존. 2026년 철거 예정이다.
지하철 초이홍역에서 걸어서 3분.

#초이홍 #ChoiHung #彩虹

화려한 색감의 아파트와 농구코트 덕분에 인기 포토존으로 뜬 초이홍아파트. ©백종현

케네디타운

이국적인 골목과 항구가 한 프레임에.
데이비스 스트리트 뒤편 언덕의 농구 코트가 사진 포인트.
농구 코트 철조망에 카메라 대고 줌인!
지하철 케네디타운역에서 걸어서 5분.

#케네디타운 #KennedyTown #堅尼地城

케네디타운에서는 홍콩 앞바다와 이국적인 분위기의 거리를 한 프레임에 담을 수 있다. ©백종현

홍콩 주변 섬 여행 Island

란타우섬 서쪽 끝자락의 작은 어촌 타이오. 수상 가옥과 나룻배가 오가는 풍경 덕분에 '홍콩의 베네치아'라 불린다. ©백종현

현지인이 홍콩을 향유하는 법

1990년대 홍콩을 상징하는 명장면이 있다. 영화 '첨밀밀'에서 남녀 주인공이 자전거 타고 홍콩 거리를 달리는 장면이다. 당신도 이런 낭만을 기대하며 홍콩 여행을 꿈꿔보셨을 테다. 송구한 말씀부터 드린다. 꿈 깨시라. 현실은 딴판이다.

홍콩을 다녀오신 분께 묻는다. 혹시 홍콩 거리에서 자전거를 본 적 있으신지. 센트럴처럼 번화한 홍콩 거리에서는 포르셰 같은 슈퍼카보다 자전거 구경이 더 힘들다. 도로 사정이 워낙 복잡한 데다 경사 심한 언덕이 많아서다. 홍콩에서 자전거 탄 풍경은 매우 예외적인 상황이다.

아예 없는 건 아니다. 혹 '자동차 없는 섬'이라고 들어보셨는지. 청차우섬과 펭차우섬이 홍콩의 자동차 없는 섬이다. 두 섬에서 달릴 수 있는 자동차는 소방차와 건설용 미니 트럭뿐이다. 택시도 없고 심지어 오토바이도 없다. 이 두 섬의 유일한 교통수단이 자전거다.

청차우섬과 펭차우섬에선 '첨밀밀'이 구현했던 자전거 여행을 다리에 쥐가 날 때까지 만끽할 수 있다.

홍콩에는 무려 260개 섬이 있다. '야우침몽'과 센트럴, 코즈웨이베이 같은 번화가만 훑다가 가신 분은 믿기지 않을 테지만, 잠깐만 시선을 돌리면 전혀 다른 세상이 펼쳐진다. 멀지도 않다. 센트럴에서 뱃길로 30~40분이면 충분하다. 외국인 관광객이 홍콩 도심에서 이리 치이고 저리 치일 때, 홍콩 사람은 센트럴 선착장에서 배를 타고 섬으로 빠져나간다. 그리고 그곳에서, 그러니까 식당 앞에 친 장사진도 없고 살벌한 교통체증도 없는 홍콩에서 저만 아는 홍콩을 향유한다.

홍콩인의 도피처 섬으로 떠나보자. 앞서 소개한 자동차 없는 청차우섬과 펭차우섬, 유러피언 비중이 높아 '히피 섬'으로 불리는 라마섬, 그리고 란타우섬의 외진 갯마을 타이오에서 대표 식당 2곳씩을 꼽았다. 란타우섬은 자동차로도 갈 수 있다.

섬에서 받는 밥상이니 신선하고 다양한 해산물이 깔리는 건 기본이다. 외지인 발길이 뜸한 섬인지라 밥상에서 옛 정취가 물씬하다. 바닷바람과 파도 소리가 장단을 맞추는 카페와 레스토랑도 있다. 섬으로 떠나는 여행은, 홍콩에서도 낭만이 철철 흐른다.

하늘에서 본 라마섬. ©홍콩관광청

라마南丫섬

주윤발의 고향으로 유명한 라마섬은 홍콩 도심에서 가장 가까운 섬이다. 센트럴에서 뱃길로 고작 30분 거리인데, 환경은 180도 다르다. 키 작은 이층집이 대부분이고, 자동차도 다니지 않는다. 이국적인 휴양지, 생동감 넘치는 어촌의 매력을 두루 품었다. 수제 맥줏집 '비어 섁'과 해산물 전문 '삼판 시푸드 레스토랑'이 대표 맛집이다.

라마섬 가는 법

교통수단 : 페리
타는 곳 : 센트럴 페리 선착장 4번
소요 시간 : 30분
가격 : 평일 22.1HKD(약 4000원),
일요일 30.8HKD(약 5700원)

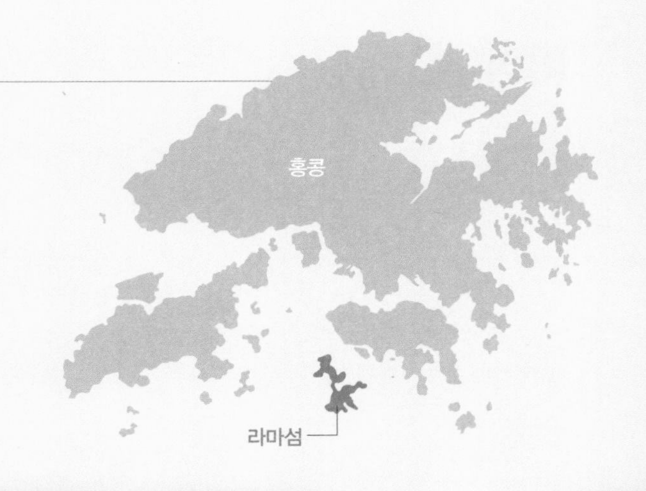

비어 섹

089

유러피언의 안식처

"홍콩섬과 라마섬을 오가는 페리는 세계에서 가장 즐거운 통근 노선 중 하나다."

2000년 뉴욕타임스 기사의 한 대목이다. 20년도 지난 기사지만, 팩트는 여전히 유효하다. 면적 13.74㎢의 라마섬은 홍콩에서 세 번째로 큰 섬이다. 인구는 대략 6000명. 그중에서 3분의 2가 매일 페리를 타고 홍콩섬을 오가는 '출근러'다. 보따리 가득 건어물을 짊어진 어부보다 말끔한 차림의 직장인이 압도적으로 많다.

바다에서 육지로 출퇴근하는 삶. 안쓰럽게 느껴지시나. 내막을 알고 나면 전혀 그렇지 않다. 라마섬은 '홍콩 보헤미안의 쉼터' 또는 '히피의 섬'으로 통한다. 인파와 소음, 교통체증과 매연으로 고통받는 빌딩 숲에서 사느니 차라리 섬 생활을 자처한 이들의 마지막 안식처이어서다. 라마섬 주민의 23%가량이 백인이다.

라마섬은 상권도 다문화적이다. 유기농 채식을 내놓는 북카페, 타파스와

'비어 섹'은 라마섬에 사는 유러피언의 아지트 같은 장소다. 홍콩의 수제 맥주 브랜드 '야들리 브러더스'를 드래프트로 맛볼 수 있다. ©백종현

칵테일이 주력인 스페인 식당, 발리풍 채식 식당, 지중해 스타일의 이스라엘 식당 등 개성과 감성으로 무장한 카페와 식당이 줄지어 있다. 이 이국적인 분위기가 입소문을 타면서 관광객이 늘고 있다.

선착장이 있는 용슈완(榕樹灣) 마을 안쪽에 수제 맥줏집 '비어 섹'이 자리한다. 현재 홍콩의 제일가는 수제 맥주 브랜드 '야들리 브러더스(Yardley Brothers)'의 고향이 이곳 라마섬이다. 맥주 공장은 2024년 구룡반도 콰이칭(葵青)으로 이전했지만, 라마섬 비어 섹에서 야들리 브러더스의 대표 수제 맥주를 생맥주로 즐길 수 있다. 바질과 칠리를 가미해 매콤함과 신맛이 두루 느껴지는 '타이 칠리 게이트웨이', 꿀을 탄 듯이 달콤한 '라거 라거 라거'는 꼭 드셔보시라. 맥주 1잔에 68~88HKD(약 1만2500~1만6500원)다.

The Beer Shack
비어 섹

10 Sha Po New Village, Lamma Island
생맥주

삼판 시푸드 레스토랑

090

부두 위에서 해산물 한 접시

'삼판 시푸드 레스토랑'. 라마섬 앞바다를 내다보며 수준 높은 해산물 요리를 맛볼 수 있다. ©백종현

라마섬의 매력은 유러피언 스타일의 여유로움과 어촌의 펄떡이는 활기를 두루 갖췄다는 데 있다. 고깃배와 페리가 수시로 드나드는 부두와 숨어들기 좋은 해변이 촘촘히 박힌 섬에 운치 있는 카페와 활력 넘치는 해산물 식당이 어깨를 맞댄채 들어섰다. 어지럽다기보다는 그 조화가 이채롭다.

자바리찜과 마늘 새우찜. '삼판 시푸드 레스토랑'이 자랑하는 시그니처 메뉴다. ©백종현

라마섬에 드는 관광객 중 상당수가 하이킹족이다. 북부 용슈완 선착장에서 남부 소쿠완(索罟灣) 선착장까지, 섬을 남북으로 가로지르는 이른바 '라마섬 가족 길(5㎞·약 1시간 소요)'이 대표 하이킹 코스다. 남북 어디에서 출발하든, 마지막 코스는 선착장 앞 해산물 식당에서 끝난다. 두 선착장 모두 전망 좋은 식당이 줄을 잇는다. 용슈완 선착장 앞의 '삼판 시푸드 레스토랑'은 아예 부두 끄트머리까지 테라스를 내고 손님을 받는다.

아쉽게도 홍콩에는 생선회 문화가 없다. 날것보다 찌고 볶고 튀겨낸 생선이 더 맛있고 위생적이라는 생각이 뿌리 깊어서다. 삼판 시푸드 레스토랑에도 회가 없다. 대신 각종 생선찜·해물찜 등 50여 가지 해산물 요리를 낸다. 해산물이 싱싱해 어떻게 요리해도 생선 본연의 맛이 살아 있다. 해산물 요리는 정가가 없다. 늘 시가다. 130~400HKD(약 2만4000~7만4000원) 수준. 되도록 야외 자리에 앉으시라 추천한다. 탁 트인 바다와 파도 소리가 알아서 안주가 되고 벗이 돼 준다.

Sampan Seafood Restaurant
삼판 시푸드 레스토랑 舢舨海鮮酒家

📍 16 Yung Shue Wan Plaza Rd, Lamma Island
👍 생선찜, 마늘 새우찜

Island

펭차우坪洲섬

펭차우섬은 홍콩섬과 란타우섬 사이에 낀 아주 작은 섬이다. 0.99㎢ 크기의 외딴섬으로, 제주도에 딸린 가파도와 얼추 크기가 비슷하다. 섬 주민은 약 6000명이다. 홍콩에서 가장 조용한 곳으로 도피하고 싶다면 펭차우섬을 추천한다. 한국인 관광객에게는 거의 알려진 적 없는 미지의 섬이다. 펭차우섬에서 추천하는 맛집은 브런치 카페 '아일랜드 테이블 그로서 카페'와 30년 이상을 버틴 서민 식당 '호호 키친'이다.

펭차우섬 가는 법

교통수단 : 페리
타는 곳 : 센트럴 페리 선착장 6번
소요 시간 : 25~40분
가격 : 일반 19.8HKD(약 3700원),
쾌속 36.9HKD(약 6900원)

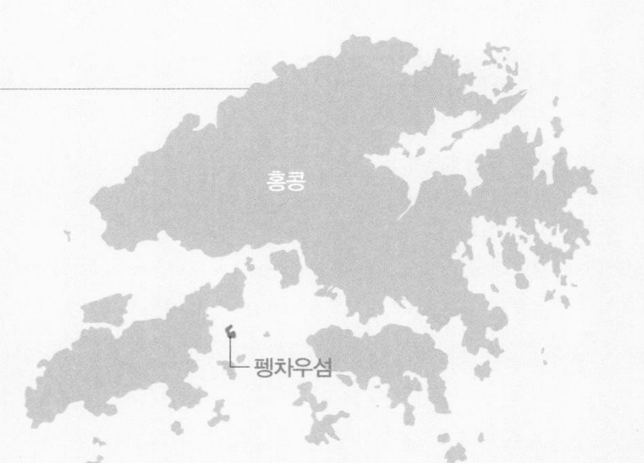

©백종현

아일랜드 테이블 그로서 카페

091

지중해풍 브런치 카페

펭차우섬은 일본 하시마(端島)처럼 섬 전체가 공장처럼 굴러가는 '공업 섬'이었다. 황금기였던 1960년대에는 공장이 100개나 있었단다. 호시절이 길게 가진 못했다. 석회 가마 공장, 성냥 공장, 가죽 공장, 조선소, 도자기 공장 등이 차례로 세워졌다 헐리기를 반복하다가 1990년대 급격한 쇠퇴를 맞았다.

긴 세월 방치되다시피 했던 펭차우섬이었지만, 요즘은 부쩍 활기가 돈다. 예술가가 하나둘 이주해온 덕분이다. 펭차우섬 문화재생사업의 대표 사례가 '폭유엔 가죽 공장'이다. 산업 쓰레기와 재활용품, 폐어구 등으로 만든 설치 미술품으로 공장 곳곳을 장식해 '비밀화원'으로 불린다. 홍콩의 어르신 세대는 펭차우섬을 낙후한 섬으로 기억하지만, 홍콩 MZ세대에 펭차우섬은 '인증샷 맛집'으로 통한다.

섬 구석구석에 젊은 취향의 편집숍과 베이커리, 카페도 속속 생기고 있다. 2000년 여름 문을 연 '아일랜드 테이블 그로서 카페'도 그중 하나다. 미모의 세 자매(맨디, 코니, 애플)가 운영하는 브런치 카페이자, 수입산 파스타와 올리브·와인 등을 파는 식료품 가게다. 하얗게 칠한 외벽과 빈티지한 자전거 소

'아일랜드 테이블 그로서 카페'. 크렘 브륄레를 접목한 치즈케이크와 더티커피, 라테 등이 인기 메뉴다. ©백종현

2020년 세 자매가 함께 가게를 열었다. 파스타·올리브·와인 같은 수입 식료품도 판매한다. ©백종현

품 덕분에 낡은 상점이 줄지은 시장 골목 한편에서 단연 돋보인다.

크루아상 같은 베이커리부터 라자냐·피자·토스트·샐러드까지 다양한 브런치 메뉴를 내놓는다. 메뉴에 '홈메이드'라고 강조한 치즈케이크(55HKD·약 1만원)가 유독 사랑받는 메뉴다. 케이크 윗면에 설탕을 뿌리고 크렘 브륄레처럼 바삭하게 구워 한입 먹으면 치즈 케이크의 풍미와 함께 단맛이 확 올라온다. 연유에 커피를 부은 더티커피(45HKD·약 8300원), 카페라테(40HKD·약 7400원)와 궁합이 좋다. 모든 메뉴 10% 봉사료 별도이며, 오전 10시부터 오후 5시까지 영업한다.

Island Table Grocer Cafe
아일랜드 테이블 그로서 카페

9C Peng Chau Wing Hing St, Peng Chau
치즈 케이크, 커피

호호 키친

092

백설공주를 마신다고?

펭차우섬 윙온 거리 안쪽의 차찬텡 '호호 키친'. 1993년 문을 열어 30년 넘게 장사를 이어온 노포이자 섬 주민의 사랑방 같은 곳이다. ©백종현

펭차우는 아주 작은 섬이지만, 먹을 곳은 의외로 많다. 선착장 뒷골목에 해당하는 윙온(永安)과 윙힝(永興) 거리를 따라 식당과 카페가 밀집했다. 동네 장사를 하는 작은 해물 식당과 새로 유입된 카페가 경쟁하듯 섞여 있다.

더위도 식힐 겸 해서 들어간 곳이 '호호 키친'이다. 1993년부터 30년 이상 장사를 이어오는 차찬텡이다. 재료 수급이 여의치 않은 섬이어서 메뉴가 단출할 것이라 예상했는데, 웬걸, 메뉴판에 적힌 음식이 100개가 넘었다. 삼색의 아이스크림을 버거처럼 빵 속에 끼운 보로바오(38HKD·약 7000원)가 부동의 매출 1위 메뉴란다. 바삭하게 씹히는 파인애플 번과 차갑고 달콤한 아이스크림의 조화가 나쁘지 않았다.

호호 키친에서 뜻밖의 발견을 했다. 도심 차찬텡에선 거의 사라진 추억의 차찬텡 음료가 호호 키친에 있었다. 이를테면 '학아우(黑牛)'. 한자 이름이 검은 소, 흑우다. 이름만 봐서는 도저히 감이 안 잡히는 이 음료의 정체는 콜라다. 초콜릿 아이스크림 띄운 콜라. 주재료가 다 까매서 흑우다. 19세기 후반 미국에서 유행했던 술 '블랙 카우(Root Beer Float·맥주+바닐라 아이스크림)'

의 홍콩 버전이란다.

하얀 소, '빡아우(白牛)'도 있다. 스프라이트와 바닐라 아이스크림의 조합이 하얀 소다. 빡아우는 '백설공주(白雪公主)'라는 애칭으로 더 알려져 있다. 홍콩에서는 '빡슈꽁주'라고 읽는다. 연둣빛의 슈웹스 크림 소다(홍콩에서 인기 높은 영국산 탄산음료)에 바닐라 아이스크림을 얹은 황소 '웡아우(黃牛)'도 있다. 세 메뉴 모두 34HKD(약 6300원)다. 레시피랄 게 특별히 없으니 맛이 궁금하시면 집에서 직접 제조해 봐도 좋겠다.

Hoho Kitchen
호호 키친 新寶馬茶餐廳小廚

29 Wing On St, Peng Chau
보로바오, 학아우, 빡슈꽁주

아이스크림을 빵 사이에 끼워 먹는 '보로바오'와 '콜라+초콜릿 아이스크림' 조합의 '학아우'. ©백종현

란타우 爛頭 섬

홍콩을 가본 적 있다면 당신은 란타우섬도 밟아본 적이 있다. 홍콩국제공항이 란타우섬에 딸린 매립지 첵랍콕(赤鱲角)에 건설됐다. 홍콩공항에서 구룡반도로 들어가려면 란타우섬을 거쳐야 한다. 란타우섬은 홍콩 최대 섬이다. 섬이 크다 보니 지역마다 편차가 크다. 주변 지역은 개발 열풍이 뜨겁지만, 섬 서쪽 타이오(大澳)에는 아직도 원주민이 거주한다. 수상 가옥을 개조한 카페 '솔로', 옛 경찰서 건물을 재단장한 레스토랑 '타이오 룩아웃' 등 매혹적인 장소가 곳곳에 있다.

©백종현

란타우섬 타이오 가는 법

교통수단 : 버스
타는 곳 : MTR 똥총역(지하철로 란타우섬 이동, 똥총역에서 11번 버스 환승)
소요 시간 : 50분
가격 : 11.8~19.2HKD
(약 2100~3500원)

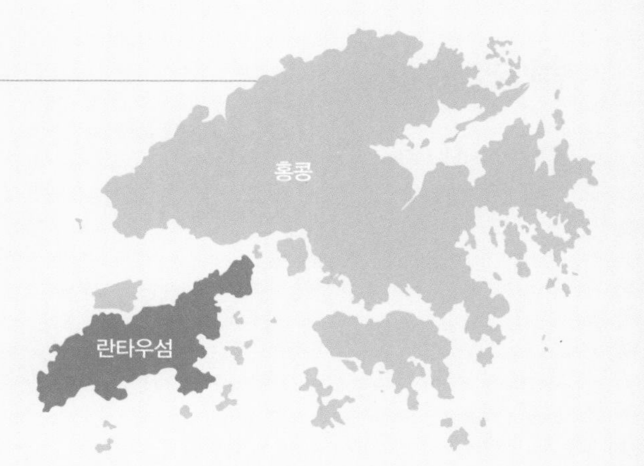

©백종현

솔로

093

홍콩의 베네치아

오랜 세월 란타우섬은 '홍콩의 허파'로 불렸다. 홍콩에서 가장 큰 섬으로 대규모 녹지를 보유하고 있어서다. 이 란타우섬이 요즘은 홍콩에서 가장 혁신적인 지역으로 꼽힌다. 1997년 육지와 섬을 잇는 다리가 놓인 이후 그야말로 개발 광풍이 불고 있다. 홍콩국제공항에서 자동차로 10분 거리에 세운 신도시 똥총(東涌)이 란타우 혁신의 중심이다. 영종도 신도시처럼 똥총의 스카이라인도 하루가 다르게 올라가는 중이다.

란타우섬의 개발 바람이 뜨겁다지만, 똥총역에서 버스로 40분을 가면 아직도 옛 모습을 간직한 섬 마을이 숨어 있다. 섬 서쪽 끄트머리의 어촌 타이오다. 타이오는 수백 년간 수상 가옥에서 살아온 탕카인(Tanka People·水上人)의 보금자리다. 탕카인이 대나무로 기둥을 세워 물 위에 지은 집 '팡옥(棚屋)'이 물길을 따라 줄지어 있다. 수상 가옥 사이를 따라 작은 배가 들락거리는 이국적인 풍경 때문에 타이오는 '홍콩의 베네치아'로 불린다.

타이오도 개발 광풍에서 자유롭지만은 않다. 팡옥을 개조한 카페나 식당이 작은 어촌 곳곳에 들어서는 중이다. 타이오 시장 인근의 카페 '솔로'가 대표적

카페 '솔로' 테라스에서 내다본 타이오 포구의 모습. 대나무로 지지대를 세워 물 위에 지은 집 팡옥이 도열해 있다. 보트 투어가 인기 관광 상품이다. ©백종현

이다. 골동품인지 폐기물인지 모를 소품이 켜켜이 쌓인 허름한 카페인데, 예스러운 정취가 관광객의 발길을 붙든다. 바닷가 테라스 자리에 앉으면 타이오의 어촌 풍경이 수채화처럼 펼쳐진다. 이제는 고깃배보다 관광객을 태운 조각배가 더 많이 떠다니지만, 정겨운 분위기는 여전하다.

솔로는 타이오뿐 아니라 홍콩에서도 손꼽히는 커피 맛집이다. 타이오의 옛 분위기처럼 커피도 옛날 방식을 고수하는데, 호리병 모양의 진공 플라스크를 이용해 커피를 추출하는 이른바 사이폰 커피를 내린다. 타이오에서 유일하게 바다 냄새보다 커피 향이 더 진한 곳이었다. 커피는 70HKD(약 1만3000원)다.

타이오의 낡은 수상 가옥을 개조한 카페 '솔로'. 테라스 자리에 앉아 바다를 감상하며 커피를 음미할 수 있다. ©백종현

Solo

솔로 蘇廬

86-88 Kat Hing St, Tai O

사이폰 커피

타이오 룩아웃

094

백년 유산 간직한 곳

타이오의 특산 새우장으로 맛을 낸 타이오 볶음밥과 '폭찹 번'. '타이오 룩아웃'의 시그니처 메뉴다. ©백종현

타이오 마을을 대표하는 몇 가지 명물이 있다. 먼저 돌고래와 '하정(蝦醬·새우장)'. 타이오 앞바다에는 핑크 돌고래가 자주 출몰했었다. 오랫동안 '돌고래 투어 보트'가 인기 관광 상품이었던 까닭이다. 요즘은 예전처럼 핑크 돌고래가 잘 보이지 않는단다.

하정은 홍콩식 새우젓이다. 각종 볶음·육류 요리에 감칠맛을 더해 주는 만능 소스인데, 타이오가 홍콩에서 가장 유명한 하정 산지다. 100년 가까이 하정을 만들어온 공장이 아직도 섬에서 영업 중이다. 홍콩에서는 새우를 갈아 젓갈을 담근다. 맑은 날 타이오 부둣가를 거닐다 보면 하정을 네모나게 굳혀 햇볕에 말리는 모습을 만나기도 한다. 연분홍색 네모 덩어리가 흡사 벽돌 같다.

타이오의 또 다른 명물이 '헤리티지 호텔'이다. 원래는 1902년 지은 경찰서 건물이었다. 2002년 경찰서가 폐쇄된 뒤 방치했던 건물을 홍콩문화유산보존재단(HKHCF)이 2012년 호텔로 부활시켰다. 호텔은 객실 9개와 레스토랑을 갖췄는데, 2022년까지 10년간 170만 명이 다녀갔다. 호텔 곳곳에 총알 자국이 보이고, 옛날 유치장으로 쓰였던 흔적도 남아 있다. 매일 세 차례 가이드 투어를 운영한다.

헤리티지 호텔 2층에 레스토랑 '타이오 룩아웃'이 있다. 이름 그대로 옛 망루(Lookout)를 개조한 레스토랑이다. 창가 자리 전망이 빼어나다. 천장도 식물원 온실처럼 유리로 돼 있다. 어촌을 통제할 목적으로 해안 언덕에 세운 감시탑이 남중국해가 한눈에 들어오는 레스토랑으로 거듭났다니. 격세지감을 느꼈다.

타이오 룩아웃은 호텔의 유일한 레스토랑이다. 조식은 물론이고, 애프터눈 티, 와인과 베이커리까지 시간에 맞춰 다채로운 음식을 제공한다. 타이오 특산 하정으로 맛을 낸 타이오 볶음밥(128HKD · 약 2만4000원)이 간판 메뉴. 두툼한 돼지고기를 넣은 샌드위치 '폭찹 번(118 HKD · 약 2만2000원)'을 시키면 딸려 나오는 감자 튀김의 소스도 케첩이 아니라 하정이었다. 모든 메뉴 10% 봉사료 별도다.

Tai O Lookout
타이오 룩아웃

Tai O Heritage Hotel, 14 Shek Tsai Po St, Tai O
볶음밥, 샌드위치

1902년 지은 옛 타이오 경찰서. 현재는 '헤리티지 호텔'로 탈바꿈해 손님을 맞는다. 2층에 레스토랑 '타이오 룩아웃'이 있다. ©백종현

Island

청차우長洲섬

청차우섬은 홍콩에서 인기 높은 당일 여행지다. 너른 해변과 근사한 해안 산책로, 시끌벅적한 시장 골목 등 매력이 다채롭다. 빵 축제로 알려진 명소답게 섬 곳곳에서 먹음직스러운 주전부리를 판다. 2대째 내려오는 '궉캄키'의 찐빵, '완생팀반'의 망고 찹쌀떡은 꼭 맛봐야 한다.

청차우섬 가는 법

교통수단 : 페리
타는 곳 : 센트럴 페리 선착장 5번
소요 시간 : 35~60분
가격 : 일반 14.8HKD(약 2800원),
쾌속 29.2HKD(약 5500원)

궉캄키

095

행운을 담은 찐빵

홍콩에도 이름난 빵 축제가 있다. 청차우섬에서 매년 석가탄신일(음력 4월 8일)에 열리는 '청차우 빵 축제(長洲太平清醮)'다. 섬사람이 빵 한번 제대로 먹어보겠다고 만든 축제는 아니다. 어촌의 안녕과 풍어를 기원하는 마음으로 제를 올리는데, 공교롭게도 제물이 빵이다.

청차우 빵 축제는 소위 '빵산(包山)'이 유명하다. 빵을 산처럼 겹겹이 쌓아서 빵산이다. 팍타이사원(北帝廟) 앞에 빵산을 줄줄이 세운 뒤, 제를 올리고 빵을 나누며 행운을 빈다. 빵 수천 개가 달린 15m 높이의 탑에 올라가 3분 안에 더 많은 빵을 따오는 사람이 승리하는 '빵 따기 대회'가 축제의 하이라이트다. 대회가 열릴 때마다 '지구촌 오늘' '해외 토픽' 같은 타이틀이 달려 전 세계 매스컴에 소개되는 이색 이벤트다.

'平安'이라는 쓰인 빨간 도장(식용 잉크를 이용한다)을 찍어 '평안빵'이라 불리는 찐빵이 청차우섬의 명물이자 빵 축제의 상징이다. 팍타이 사원 인근의 빵집 '궉캄키'가 대를 이어오는 평안빵 명가다. 2024년 축제 기간에도 3만 개 가까운 빵이 팔렸단다. 마틴 궉 사장은 "가업인 동시엔 마을 전통을 이어간다

'청차우 빵 축제'의 하이라이트 행사인 일명 '빵 따기 대회' 장면. 15m 높이 빵탑에 올라 더 많은 빵을 담는 사람이 승리한다. ©홍콩관광청

청차우섬의 평안빵 명가 '궉캄키'. 매년 석가탄신일 즈음 손님이 줄지어 모여든다. ©백종현

'궉캄키'의 마틴 궉 사장. 방금 찐 평안빵을 들고 카메라 앞에 섰다. ©백종현

는 마음으로 매일 빵을 만든다"고 말했다. 궉캄키는 40년 넘도록 세 종류 빵만 굽고 있다. 팥빵, 참깨빵, 연꽃 씨앗빵. 1개 11HKD(약 2000원).

참고로 석가탄신일 이틀 전부터 청차우섬은 육식을 금하는 전통이 있다. 식당 대부분이 메뉴에서 육류를 뺀다. 선착장 앞에 있는 맥도날드도 축제 기간에는 패티 없는 버섯버거 한 메뉴만 내놓는다.

Kwok Kam Kee
궉캄키 郭錦記

46 Pak She St, Cheung Chau
평안빵

완생팀반

096

쫄깃하고 달콤하다

망고로 속을 채운 찹쌀떡 '망고러마이치', 청차우섬의 대표 주전부리이자 '완생팀반'의 인기 메뉴다. ©백종현

청차우섬의 별명은 '아령 섬'이다. 허리가 잘록하게 들어간 독특한 지형 때문이다. 손잡이에 해당하는 섬 중앙에 주요 상가와 시설이 몰려 있다. 섬이 워낙 작아 반나절이면 섬 나들이가 가능하다. 자전거가 주요 이동 수단이자 놀거리인데, 2인용 커플 자전거부터 마차형 자전거까지 온갖 종류의 자전거를 구비한 대여소가 선착장 앞에 도열했다.

땅콩가루·참깨·설탕을 범벅한 떡 '덩빳랏'. ©백종현

산힝(新興街)과 팍세(北社街) 거리가 청차우섬의 번화가다. 오래된 해산물 식당과 젊은 감각의 카페·레스토랑이 뒤섞여 있다. 요즘 홍콩 소셜미디어에서 인기가 높다는 청차우섬의 디저트와 브런치 메뉴를 맛봤지만, 인상에 남은 건 섬에 내려오는 전통 주전부리다.

청차우섬에서 궉캄키와 함께 대기 줄이 가장 긴 집이 '완생팀반'이라는 낡은 디저트 가게다. 망고로 속을 채운 주먹만 한 찹쌀떡 '망고러마이치', 땅콩가루·참깨·흑설탕가루를 범벅한 덩빳랏, 두부 푸딩에 팥을 듬뿍 올린 '홍따우다우푸파(紅豆豆腐花)'가 대표 메뉴다. 각 16~18HKD(약 3000~3300원). 러마이치는 팥·땅콩·커스터드 등 버전이 다양하다.

배 시간이 다가오면 관광객이 우르르 페리로 향한다. 하나같이 한 손에는 평안빵, 다른 손에는 완생팀반의 망고러마이치가 들려 있다. 평안빵의 인기가 스토리텔링에서 비롯됐다면, 러마이치는 순전히 맛으로 뜬 명물이다. 한입 삼키자 이런 생각부터 들었다. 왜 여태 우리는 팥만 넣어서 찹쌀떡을 빚어왔을까. 두리안 넣은 러마이치도 인기라는데, 이건 차마 도전하지 못했다.

Wan Sing Dessert
완생팀반 允升甜品

San Hing St, Cheung Chau
러마이치, 덩빳랏

홍콩 대표 축제 7

축제	구분	내용
설 축제	일시	음력 1월 1일
	장소	홍콩 전역
	내용	홍콩 최대 축제, 야간 퍼레이드, 불꽃놀이
홍콩 아트바젤	일시	3월
	장소	완차이 홍콩컨벤션센터
	내용	아시아 최대 아트페어, 미술 전시 및 경매
청차우 빵 축제	일시	음력 4월 8일 (석가탄신일)
	장소	청차우섬
	내용	빵 따기 대회, 빵 나누기, 석가탄신일 행사
용선 축제	일시	음력 5월 5일 (단오절)
	장소	타이오, 스탠리 등
	내용	용선(Dragon Boat) 경주, 단오 음식 체험
중추절	일시	음력 8월 15일
	장소	타이항 등
	내용	달맞이 행사, 등불 거리 장식, 용춤 거리 공연
홍콩 와인& 다인 페스티벌	일시	10월
	장소	센트럴 하버 프론트 등
	내용	세계 와인 전혁, 홍콩 대표 럭셔리 푸드 체험
홍콩 새해 카운트다운	일시	12월 31일 ~ 1월 1일
	장소	빅토리아 하버
	내용	신년 축하 행사, 불꽃놀이, 조명쇼

홍콩 테마파크

Theme Park

홍콩 디즈니랜드

오션 파크 냅튠스 레스토랑

슈꼬우채

포린사원 찌보우짜이

홍콩을 대표하는 테마파크 '홍콩 디즈니랜드'. 코로나 시대 오랜 부진을 겪었지만 2023년 한 해 640만 명이 다녀가며 부활에 성공했다. ©백종현

홍콩을 대표하는
관광 명소

홍콩이 부활했다. 코로나 사태로 움츠렸던 홍콩 관광이 기지개를 켜고 있다. 홍콩 디즈니랜드의 입장객 변화만 봐도 알 수 있다. 코로나 첫 해였던 2020년, 홍콩 디즈니랜드 입장객은 170만 명에 그쳤다. 2023년에는 네 배 가까이 뛰어 640만 명을 기록했다. 부활한 홍콩의 오늘을 보여주는 데 가장 단적이고 극적인 장소는 누가 뭐래도 테마파크다. 테마파크가 먹으려고 가는 데는 아니라지만, 하나만 알고 둘은 모르는 얘기다. 잘 먹어야 잘 논다.

이를테면 홍콩 디즈니랜드에서는, 긴 줄 감수해서라도 '올라프 아이스크림'을 먹어야 한다. 홍콩 디즈니랜드는 전 세계 디즈니랜드 중 최초로 '겨울왕국' 테마 공간을 오픈한 곳이다. 홍콩 최대 규모 테마파크 '오션 파크'에선 헤엄치는 상어와 눈을 맞추며 만찬을 즐길 수 있으며, 홍콩의 랜드마크 '대관람차'를 타기 전엔 아이스크림 트럭부터 들러야 한다. 특정한 장소에 맞는 옷이 있는 것처럼, 특정한 장소에 가면 꼭 먹어야 하는 음식이 있다.

홍콩 디즈니랜드

097

올라프 아이스크림 vs 아이언맨 버거

홍콩 제일의 테마파크는 누가 뭐래도 홍콩 디즈니랜드다. 하루 평균 2만 명 이상이 디즈니 동산을 찾아 란타우섬에 든다. 코로나가 창궐한 2020년에는 축소 운영 여파로 입장객(170만 명)이 반의반 토막 수준으로 떨어졌지만, 2023년 다시 입장객 600만 명을 돌파했다. 한국이 디즈니랜드 보유국이 아니어서 한국인 관광객 사이에서도 필수 코스로 꼽힌다.

세계 최초의 '겨울왕국' 테마 공간으로 2023년 오픈한 '겨울왕국 세상(World of Frozen)'이 요즘 홍콩 디즈니랜드의 최고 '핫플'이다. 뾰족지붕 나무집이 해안가에 줄지은 아렌델 왕국을 비롯해 설산과 얼음 성 등 '겨울왕국'의 동화책 같은 풍경을 고스란히 재현했다. '렛 잇 고'가 울려 퍼지는 실내 세트를 보트 타고 누비는 '겨울왕국 에버 애프터', 롤러코스터 '떠돌이 오큰의 슬라이딩 썰매'는 어느 시간에든 1시간가량 줄을 서야 한다.

홍콩 디즈니랜드에도 전통의 '디즈니 간식'이 있다. 미키 마우스 모양의 도넛과 와플이다. 그러나 겨울왕국 세상이 뜨면서 순위가 바뀌었다. 요즘 홍콩 디즈니랜드에서는 올라프 모양의 콘 아이스크림(68HKD · 1만2000원)을 든

'겨울왕국 세상' 개장과 함께 '올라프 아이스크림'이 홍콩 디즈니랜드의 최고 인기 상품으로 떠올랐다. ©백종현

아이언맨 버거. 홍콩 디즈니랜드 패스트푸드점 '스타라이너 다이너'의 대표 메뉴다. 헐크 버거도 있다. ©백종현

관광객이 압도적으로 많다. 올라프 모양의 앙증맞은 생김새도 한몫하고, 홍콩의 찌는 더위도 한몫한다. 소프트 아이스크림에 올라프 얼굴을 한 마시멜로와 초콜릿(팔), 건포도(단추)를 얹혀서 낸다. 금방 녹기 때문에 아이스크림을 받자마자 사진을 찍어야 한다. 슬러시에 아이스크림을 올린 컵 아이스크림(90HKD · 약 1만6500원)도 있다.

패스트푸드점 '스타라이너 다이너'에서는 이른바 '어벤져스 버거'가 인기 메뉴다. 아이언맨 버거(와규 치즈버거 · 150HKD · 약 2만8000원)는 빵에 아이언맨 얼굴이 찍혀 있고, 헐크 버거(더블 소고기 치즈버거 · 175HKD · 약 3만2500원)는 '녹색 괴물' 헐크처럼 빵이 녹색인 것이 특징이다. 웨지 감자튀김과 음료를 포함한 세트 메뉴로만 판매한다. 아이스크림도, 버거도 맛은 평범하다. 그러나 가격은 턱없이 비싸다. 참고로 홍콩 맥도널드에서는 빅맥 세트가 48HKD(약 8900원)다.

Hong Kong Disneyland
홍콩 디즈니랜드 香港迪士尼樂園

Hong Kong Disneyland Resort, Lantau Island
올라프 아이스크림, 아이언맨 버거

알아두기

홍콩 디즈니랜드 야무지게 즐기기

홍콩 디즈니랜드는 2023년 11월 '겨울왕국 세상'을 세계 최초로 오픈했다. 현재 홍콩 디즈니랜드 최고의 핫플레이스다. ©백종현

어트랙션 인기 3대장 (평균 1시간 대기)	RC레이서(토이스토리 랜드), 에버 애프터(겨울왕국 세상), 런어웨이 광산열차(그리즐리 걸치)
놓치지 말아야 할 먹거리	올라프 아이스크림, 아이언맨 버거, 미키 도넛, 미키 와플, 토이스토리 슬러시
인생 사진 명당	매지컬 드림 캐슬 옆 월트 디즈니 동상, 겨울왕국 세상 다리 위, 메인 스트리트
어벤져스와의 기념사진!	스파이더맨·아이언맨·우디 등 디즈니와 픽사의 대표 캐릭터가 수시로 파크를 누빈다.
한 번은 꼭 봐야 할 '모멘터스'	디즈니랜드를 상징하는 라이트 뮤직 쇼 & 불꽃놀이. 매일 오후 9시!
앱 다운로드 필수	지도 보고 공연 시간 체크. 대기 예상 시간도 확인할 수 있다.
물은 꼭 챙기기	넓고 더운 홍콩 디즈니랜드, 물은 필수다.
오직 홍콩에만!	'미스틱 매너'. 전 세계 디즈니랜드 중 홍콩에만 있는 다크 라이드(실내 놀이기구).
퍼레이드	시즌마다 콘셉트와 공연 시간이 다르다.
티켓은 어디서?	클룩(Klook) 같은 예약 플랫폼이 정가보다 저렴하다.

오션 파크 냅튠스 레스토랑

098

불맛 죽이는 아쿠아리움

홍콩 디즈니랜드 이전에 '오션 파크'가 있었다. 홍콩섬 남부의 갯마을 애버딘에 자리한 오션 파크는 홍콩에서 가장 오래된 테마파크다. 1977년 1월에 개장했으니 50년이 다 돼 간다.

2005년 디즈니랜드가 상륙하며 위기를 맞기도 했지만, 오션 파크는 수차례 재개발을 거치며 경쟁력과 몸집을 키웠다. 2009년에는 동물원, 2014년에는 1950~70년대 홍콩 거리를 재현한 '올드 홍콩', 2022년에는 워터파크를 새로 열었다. 각종 롤러코스터와 동물원이 '해양(ocean)'이라는 이름을 무색하게 하는 측면이 있지만, 어쨌거나 오션 파크는 홍콩에서 가장 거대한 테마파크다.

오션 파크는 크게 세 구역으로 나뉜다. 아쿠아리움이 자리한 '워터프론트'에서 케이블카나 철도('서밋' 구역), 셔틀버스('워터 월드' 구역)를 타야 다른 구역으로 이동할 수 있다. 브릭힐(南朗山·282m)이라는 언덕에 세운 200m 높이의 회전식 전망대 오션 파크 타워에서 파크 전경이 파노라마로 펼쳐진다. 참고로 홍콩 디즈니랜드(27만5000㎡)와 오션 파크(91만5000㎡) 모두 한국 최대 테마파크인 에버랜드(148만8000㎡)보다 작다.

홍콩 최대 테마파크 '오션 파크'. 1977년 개장했다. '어메이징 아시안 애니멀'관에 있는 자이언트 판다 잉잉이 푸바오급 인기를 누린다. ©백종현

오션 파크에는 놀이기구가 30개 가까이 되는데, 동물 테마 공간이 훨씬 흥미롭다. 남극 펭귄이 90여 마리가 뒤뚱거리는 '폴라 어드벤처'는 어른도 좋아하는 장소다. 실내 동물원 '어메이징 아시안 애니멀'에서는 자이언트 판다 잉잉(盈盈)이 '푸바오급' 인기를 누린다. 잉잉은 2005년생으로 올해 스무 살이 됐다. 2024년 쌍둥이 엄마가 돼 '출산에 성공한 가장 나이 많은 자이언트 판다' 기록을 갈아치웠다.

오션 파크는 규모가 큰 만큼 식당도 종류가 다양하다. 양식당 '턱시도 레스토랑', 구이 전문 '징거 그릴' 등 9개 레스토랑이 있다. 그중 아쿠아리움 '아쿠아 시티'에 딸린 중식당 '넵튠스 레스토랑'이 대표 맛집이다. 초대형 수조가 내다보이는 2층 난관에 식당이 들어섰다.

분위기만 좋은 레스토랑인 줄 알았는데, 의외로 음식이 탄탄했다. 삼겹살 오이 말이(118HKD·약 2만2000원), 해물 볶음밥(288HKD·약 5만3000원), 푸아그라를 곁들인 소고기 볶음(358HKD·약 6만6000원)을 주문했다. 바로 곁 수조의 상어가 눈에 안 들어올 만큼 하나같이 맛이 인상적이었다. 특히 '웍헤이(불맛)'가 살아있었다. 수조와 가까운 자리는 자리 경쟁이 치열하다. 모든 메뉴 10% 봉사료 별도.

Ocean Park Neptune's Restaurant
오션 파크 넵튠스 레스토랑 海龍王餐廳

Grand Aquarium, Aqua City,
The Waterfront, Ocean Park Rd, Wong Chuk Hang

삼겹살 오이 말이, 해물 볶음밥

아쿠아리움의 '냅튠스 레스토랑'. 삼겹살 오이말이, 해물 볶음밥 등 중화요리를 선보인다. 대형 수조 바로 옆 난간 자리가 명당이다. ©백종현

슈꼬우채

099

대관람차 옆 아이스크림 트럭

높이 60m의 홍콩대관람차. 센트럴 페리 터미널에 자리해 있다. 2023년 한 해에만 200만 명 이상이 탑승했다. ©백종현

홍콩에서 가장 유명한 놀이기구는 놀이공원에 없다. 홍콩섬 센트럴 페리 터미널에 있다. 이름하여 '홍콩대관람차(香港摩天輪·HKOW)'. 60m 높이의 초대형 놀이기구다. 구룡반도 침사추이의 해안 산책로를 걷는 관광객이라면 열에 열 바다 건너 대관람차에 초점을 맞추고 센트럴 풍경을 카메라에 담는다. 대관람차는 홍콩섬 센트럴의 미장센을 완성하는 빅토리아 하버의 랜드마크다.

홍콩대관람차의 주말 하루 탑승객은 4000명에 육박한다. 2014년 개장 이후 1000만 명이 넘는 인파가 대관람차를 이용했다. 2023년 한 해에만 228만 명이 탑승했다. 어른 기준 20HKD(약 3600원). 8인승짜리 곤돌라 42개가 천천히 제자리를 도는 데 5~6분이 걸린다. 한 번 타면 보통 세 바퀴를 돈다.

홍콩에서 제일 유명한 놀이기구 옆에 놀이기구보다 더 유명한 홍콩 명물이 서 있다. 아이스크림 트럭 '슈꼬우채'다. 슈꼬우채는 대관람차보다 훨씬 역사가 길다. 1960년대 영국 런던에서 유행했던 아이스크림 밴을 수입해 와 홍콩 거리 곳곳에서 아이스크림을 팔았다. 홍콩에서 슈꼬우채는 다이파이동과

홍콩의 명물 아이스크림 트럭 '슈꼬우채'. 홍콩 대관람차 앞을 비롯해 홍콩 번화가 곳곳을 누비며 소프트 아이스크림을 판매한다. ©백종현

더불어 추억의 산물로 꼽힌다. 홍콩 정부가 1970년대 도시 미관과 위생 등의 이유로 슈꼬우채·다이파이동 같은 노점의 추가 면허 발급을 중단했기 때문이다. 슈꼬우채나 다이파이동이나 볼 날이 얼마 안 남았다. 현재 홍콩에서 영업 중인 슈꼬우채는 14대뿐이다.

예전 같지 않다지만, 슈꼬우채는 여전히 맹활약 중이다. 목 좋은 자리라면 어김없이 슈꼬우채가 출동한다. 슈꼬우채가 가장 자주 목격되는 명당이 바로 홍콩 대관람차 앞이다. 대관람차 말고도 침사추이 시계탑 앞, 코즈웨이베이의 명품 쇼핑센터 '리 가든스' 앞이 슈꼬우채 상습 출몰 지역이다. 피리 부는 사나이라도 되는 듯, 슈꼬우채가 떴다 하면 어른 아이 할 것 없이 와르르 모여드는 진풍경이 여전히 연출된다.

슈꼬우채는 아이스크림 네 종류만 판다. 50년 넘은 전통이다. 개중에서 바닐라 맛의 소프트 아이스크림이 가장 인기가 좋다. 1970년에는 아이스크림 하나에 0.5HKD(약 90원)였다고 한다. 지금은 13HKD(약 2400원)를 받는다.

Mobile Softee
슈꼬우채 雪糕車

HKOW, 33 Man Kwong St, Central
소프트 아이스크림

포린사원 찌보우짜이

100

산 넘고 물 건너

아시아 최장 길이 케이블카 '옹핑360'을 타면 포린사원으로 갈 수 있다. 사진 뒤편으로 거대한 불상 '틴탄다이팟'이 보인다. ©백종현

란타우섬에는 홍콩국제공항과 홍콩 디즈니랜드 말고도 명물이 하나 더 있다. 홍콩에서 두 번째로 높은 퐁윙산(鳳凰山·934m)이다. 퐁윙산 서쪽 기슭에 옹핑(昂坪)이라는 널찍한 고원이 있고, 이 옹핑에 홍콩의 유명 사찰 포린사원이 자리한다. 포린사원 근처에 불교 테마 거리 '옹핑 빌리지'도 있어 풍원산은 주말마다 나들이객으로 북새통을 이룬다.

불교 테마의 민속거리 '옹핑 빌리지'. ©백종현

두부 푸딩 '따우푸화'와 모감주잎떡 '인사이뱅'. 시럽을 잔뜩 부어 떠먹는 '따우푸화'는 시내에서도 흔히 접할 수 있는 인기 간식이다. ©백종현

옹핑은 가는 법이 남다르다. 손수 운전해서 올라갈 수 있고 고원 아래 똥총에서 버스를 탈 수도 있지만, 홍콩 사람 대부분은 똥총역에서 전혀 색다른 이동 수단으로 갈아탄다. 이곳에서 아시아 최장 길이의 케이블카 '옹핑360'이 출발한다. 옹핑360은 무려 5.7㎞를 날아 단숨에 옹핑까지 올라간다. 이동 시간은 25분. 케이블카에서 창밖을 내다보면 홍콩의 모든 것이 발아래 펼쳐 진다.

2023년에만 138만 명이 옹핑360을 타고 옹핑에 올랐다. 2018년 주하이(珠海·중국 광둥성 도시)~란타우섬~마카오를 잇는 세계 최장 길이 해상교 강주아오대교(港珠澳大橋·HZMB·총연장 55㎞)가 개통한 뒤로 부쩍 탑승객이 늘었단다. 케이블카에서도 이 거대한 다리가 보인다. 케이블카 요금은 꽤 비싸다. 왕복 270HKD(약 5만원), 바닥이 유리로 된 '크리스털 캐빈'은 더 비싸다. 왕복 350HKD(약 6만4000원).

포린사원과 옹핑 빌리지는 한두 시간이면 돌아볼 수 있다. 사원 안쪽 언덕에 자리한 34m 높이의 대불(大佛) '틴탄다이팟'이 옹핑의 명물이자, 홍콩의 또 다른 랜드마크다. 국내 유명 사찰 동구에 산채정식 식당이 모여 있는 것처럼, 포린사원 앞 옹핑빌리지에도 식당이 도열한다. 경내에 채식 다과를 파는 '찌보우짜이'도 있다. 포린사원이 직접 운영하는 채식 식당 바로 옆이다.

찌보우짜이는 두부 푸딩 '따우푸화(豆腐花)', 사고 푸딩 '싸이마이보우댕(西米布甸)', 모감주잎떡 '인사이뱅(欒樨餅)' 등을 판다. 모든 메뉴 15~30HKD(약 2800~8300원). 따우푸화는 홍콩에서 가장 대중적인 전통 간식이다. 황설탕이나 시럽을 부어가며 떠먹는다.

인사이뱅은 부처님오신날(홍콩의 부처님오신날도 음력 5월 5일이고, 공

휴일이다)에 제일 잘 팔리는 떡이다. 모감주나무 잎을 삶은 뒤 다져 찐다. 염주의 주재료가 모감주다. 하여 모감주를 먹으면 액운을 막아준다는 믿음이 내려온다. 인상이 구겨질 정도로 맛이 쓴데, 가게 앞에 이런 안내문이 붙어 있었다. "세상의 모든 '쓴 것'은 배에 들어가면 '단맛'이 됩니다."

Po Lin Monastery Deli Vegetarian Cafe
포린사원 찌보우짜이 寶蓮禪寺 緻寶齋

Po Lin Monastery, Ngong Ping Rd, Ngong Ping
두부 푸딩, 모감주잎떡

케이블카 위에서 본 강주아오대교의 해저 터널. ©백종현

Index

미식의 도시 홍콩에서 맛보는 100끼 여정

홍콩백끼

발행일 | 초판 1쇄 2025년 4월 15일
지은이 | 손민호·백종현

사진 | 권혁재·백종현
그림 | 안충기

발행인 | 박장희
대표이사 겸 제작총괄 | 신용호
본부장 | 이정아
파트장 | 문주미
책임편집 | 장여진
기획위원 | 박정호
마케팅 | 김주희·이현지·한륜아
디자인 | 변바희·김미연

발행처 | 중앙일보에스(주)
주소 | (03909) 서울시 마포구 상암산로 48-6
등록 | 2008년 1월 25일 제2014-000178호
문의 | jbooks@joongang.co.kr
홈페이지 | jbooks.joins.com
인스타그램 | @j__books

ISBN 978-89-278-8082-0 (13980)